Hans A. Staub

Alternative Landwirtschaft

Der ökologische Weg aus der Sackgasse

Fischer
Taschenbuch
Verlag

fischer alternativ –
Herausgegeben von Rudolf Brun

fischer alternativ
Eine Reihe des Fischer Taschenbuch Verlages
Februar 1980

Originalausgabe

Umschlagentwurf: Peter Hajnoczky (Zürich)
Fischer Taschenbuch Verlag GmbH, Frankfurt am Main

Satz: Otto Gutfreund & Sohn, Darmstadt
Druck und Einband: Clausen & Bosse, Leck
Printed in Germany
580-ISBN-3-596-24035-2

Inhalt

1. Wir und die Landwirtschaft

Die meisten von uns arbeiten im Industriebereich oder im wachsenden Dienstleistungs-Sektor. Die Landwirtschaft betrachten wir eher von ferne. Warum sollten wir uns also mit Landbau beschäftigen?

Nun, auch Industriemenschen müssen u. a. essen, wollen gesund bleiben, sich erholen und Nachkommen haben. Diese werden ihrerseits wieder dieselben Grundbedürfnisse haben. Die Landwirtschaft liefert die Nahrung und beeinflußt damit unsere Gesundheit und jene unserer Kinder; sie bestimmt unsere Landschaft, in der wir Erholung finden wollen. »Landwirtschaft dient allen«, heißt ein Schlagwort.

Ferner sind Menschen auch Kollektivwesen, d. h. lebende Teile verschiedener Gemeinschaften, die miteinander vernetzt ein Gesellschafts- und Lebenssystem bilden. Also sind wir interessiert und verantwortlich für »das Ganze«, für die Gesellschaft und für das Lebenssystem, das uns alle trägt. Ernährung, Gesundheit, Erholung, Umweltqualität und die Zukunft der Menschheit überhaupt, all diese Faktoren in unserem Leben sind angesprochen mit dem Stichwort »Landbau«. Um auch im Sinne der Zusammenhänge zwischen diesen Faktoren richtig urteilen und handeln zu können, brauchen wir Einsicht in das besondere Wesen der Urproduktion. Landwirtschaft betrifft uns alle. Und zwar in höherem Maße, als den meisten Industriemenschen und Städtern bewußt ist.

Dreimal Landwirtschaft

Bei näherem Betrachten der Urproduktion stellt man fest: Landwirtschaft kann mindestens dreierlei bedeuten: je nach dem Standpunkt und dem Bild, das man sich von ihr macht.

Bild Nr. 1: Das urtümliche Überbleibsel

Betrachten wir die Landwirtschaft einmal aus der Perspektive des »kleinen Mannes«, der heutzutage in der Regel ein Städter ist: da stellt sie sich in erster Linie als ein bodenständiger Wirtschaftszweig dar, mit dem sich noch eine gewisse Nostalgie, aber auch etwas Sentimentalität verbindet; denn Wirtschaft heißt konkret: Input, Produktion, Output, Gewinn oder Verlust. So hört man, daß die meisten Betriebe zu klein seien und oft mit Verlust arbeiteten. (Keinem Wertpapierberater würde es einfallen, die so gezeichnete Landwirtschaft für Investitionen zu empfehlen.) So gesehen ist Land nur als potentielles Bau- und Industrieland interessant. Die Landwirtschaftsbranche ist seit über 100 Jahren *die* Schrumpfbranche: waren zu Urgroßvaters Jugendzeiten noch die meisten Menschen darin beschäftigt, so sind es heute noch einige wenige Prozente. Es überrascht nicht, daß wir die Bauern heute vorwiegend nur noch als ältere Leute sehen, die ziemlich schmutzige Maschinen bedienen und mit widerlichen Chemikalien und stinkenden Abfällen hantieren. Von der jüngeren Generation sind die meisten weggelaufen. Maschinen und Chemikalien haben die abgeschlachteten Pferde und die Handarbeit ersetzt. So ließ sich die Produktion aufrechterhalten, ja sogar steigern, wie die Butter- und Milchpulverberge beweisen. Würde man die Landwirtschaft in den Industriestaaten nicht subventionieren, wäre sie schon längst am Ende – und man könnte die Lebensmittel billiger importieren.

Ist es vielleicht auf einen Mangel an gutem Management zurückzuführen, der zu diesem »Wachstum gegen Null« in der Landwirtschaft geführt hat? Hört man nicht vielmehr immer wieder von Fällen, wo ein Mann mit Köpfchen aus der Stadt es fertigbrachte, mit modernen Methoden etwas Lukratives aufzuziehen, z.B. eine rentable Erdbeerfarm oder eine Eiergroßfabrik oder eine Schweinegroßmästerei? Allerdings trifft es immer häufiger zu, daß diese »Unternehmertypen« vom Tierschutzverein und anderen »Naturfanatikern« angegriffen werden. In letzter Zeit sollen diese Betriebe wegen steigender Kosten für Erdöl, Rohstoffe, Futter usw. recht anfällig geworden sein, was diese Art von Landwirtschaft auch problematisch erscheinen läßt. Und was die Preisgestaltung für landwirtschaftliche Produkte betrifft, so ist die Rede von EG-Marktordnung, staatlicher Billigpreispolitik, Subventionen, gekoppelt mit behördlichen Auflagen, Genossenschaftsvorschriften, kurz, von Verzerrungen und staatlichen Zwängen, die eine Anpassung an den Markt auch bei gutem Management unmöglich machen.

Bild Nr. 2: Der durchrationalisierte Industriezweig

Das soeben gezeichnete, gewiß oberflächliche Bild der Landwirtschaft ist weit verbreitet. Wir wollen hier nicht versuchen, es zu berichtigen, sondern uns zunächst jenes Bild anschauen, wie sich dieses in der staatlichen Agrarpolitik, in den Äußerungen der Bauernverbände und in den Lehrplänen der landwirtschaftlichen Schulen zeigt.

Wonach heute offiziell gefragt wird, ist eine moderne, rationelle, leistungsfähige, produktionsorientierte Landwirtschaft. Darunter ist eine Landwirtschaft zu verstehen, die aus großen, durchmechanisierten, durchchemisierten und nach betriebswirtschaftlichen Gesichtspunkten straff ausgerichteten Betrieben besteht. Die Landwirtschaft soll die Industrie nachahmen und zur Zulieferindustrie für die Nahrungsmittelverarbeitungs- und -verteilbranche umfunktioniert werden. Doch im Gegensatz zur Industrie sollen die Preise dieser Produkte im Interesse der Verbraucher durch staatliche Lenkung niedrig gehalten werden. Gleichwohl müssen die Löhne und Einkommen in diesem Sektor steigen!

Nach den betriebswirtschaftlichen Regeln führt dies zum Bestreben, den Umsatz, d.h. die in Geld gemessene Produktion zu maximieren, um zwischen dem Druck der steigenden Kosten und dem Gegendruck der niedergehaltenen Preise überleben zu können. Die Maximierung der landwirtschaftlichen Produktion führt zwangsläufig zur Ausnützung bis aufs Letzte derjenigen Betriebselemente, die sich dagegen am wenigsten wehren können und von außen nicht geschützt werden, und das sind: der Boden, die Pflanzen, die Tiere, die Landschaft, manchmal auch Familienangehörige, Angestellte oder der Bauer selbst. Die Entwicklung wird also gelenkt in Richtung Überbeanspruchung der lebenden Ressourcen, maschinengerechter Landschaftsgestaltung (z.B. mittels Flurbereinigungen, Meliorationen), spezialisierter, maschinengerechter Tierhaltungen und Pflanzenbehandlung, Ersatz von menschlichen und tierischen Arbeitskräften durch Maschinen und zusätzlich gekaufter chemischer und anderer Hilfsmittel, steigender Verschuldung, um diesen Kapitalbedarf bezahlen zu können, Verdrängung der Bauern, die nicht zu Technikern und Betriebswirten werden können oder wollen.

Diesen Prozeß nannte man »Gesundschrumpfen« und »Rationalisieren«. Gleichzeitig »soll die Landwirtschaft mit den Mitteln der Steuer-, Kredit- und Preispolitik instand gesetzt werden, die naturbedingten Nachteile gegenüber anderen Wirtschaftsbereichen auszugleichen und die soziale Lage der in der Landwirtschaft tätigen Menschen an diejenige vergleichbarer Berufsgruppen anzupassen«.[1] Daraus geht hervor, daß der Staat die Landwirtschaft als eine Art Sozialfall innerhalb der Wirtschaftszweige betrachtet. Dies ist seit Jahrzehnten der Fall. Damit gibt der Staat indirekt und offenbar unbewußt zu, daß am offiziellen Bild vom endlich dank staatlicher Nachhilfe glücklich ins 20. Jahrhundert eingetretenen, kräftig durchrationalisierten, industrialisierten landwirtschaftlichen Hof irgend etwas nicht stimmt.

Bild Nr. 3: Das ökologische Katastrophengebiet

Was stimmt nicht? Die Antwort auf diese Frage sollte uns zu sinnvollen Antworten in Form von Alternativen führen. Im obigen Zitat wird der »schwarze Peter« angeblichen »naturbedingten Nachteilen« zugeschoben. Was ist wohl gemeint?

Erstens heißt »naturbedingt« wohl, daß der Gesetzgeber diese Nachteile als unabänderlich betrachtet. Man kann also höchstens ihre Symptome lindern, aber die Ursache nicht beseitigen. Deshalb läßt sich das, was von den Industriestaaten betrieben wird, nur als Symptombehandlung bezeichnen. Man denke an jene Umweltschäden, die zwangsläufig infolge der Industrialisierung der Landwirtschaft entstehen müssen, wie etwa Landschaftsverarmung, Ausrottung freilebender Pflanzen- und Tierarten, Tierquälereien, Düngung der Grund- und Oberflächengewässer, Gefährdung des Ozonschildes der Erdatmosphäre durch Kunstdüngerverwendung, bedenkliche chemische Rückstände in der Nahrung, schädliche Veränderung der wertgebenden Inhaltsstoffe der Lebensmittel, Bodendegradierung.

Ferner kann »naturbedingt« heißen, daß die Landwirtschaft im Unterschied zu fast allen anderen Wirtschaftszweigen mit der lebenden Natur zu tun hat und daß diese sich eben nicht so leicht manipulieren, verändern, ausbeuten läßt wie sogenannte tote Materie, denn lebenserhaltende Änderungen in der biologischen Struktur der Pflanzen, Tiere und Menschen lassen sich nur im Verlaufe vieler Generationen realisieren. Doch der Gesetzgeber hat nicht, so scheint es, an die Biologie oder Genetik gedacht, sondern nur an die Ökonomie, also an Dinge wie landwirtschaftliches Einkommen, Paritätslohn, geldmäßige Rendite. Vielleicht war eine Ahnung vorhanden, daß in der Landwirtschaft etwas ganz anderes vorliegt als in der Industrie (eben das Vorherrschen der biologischen Gesetze), weshalb der Gesetzgeber vielleicht seine wirtschaftliche Begriffswelt auf diese, wenn auch unbestimmte Weise ergänzte.

Als Hauptursache der wirtschaftlichen »naturbedingten Nachteile« wäre demzufolge die staatliche Politik der Niederhaltung der landwirtschaftlichen Preise zu nennen. Diesen Sachverhalt will aber der Staat aus politischen Gründen nicht ändern. Die gewollt niedrigen Preise sind zwar nicht die Alleinursache aller Umwelt- und Gesundheitsschäden, welche von der Landwirtschaft verursacht werden, aber der Zusammenhang: »Niedrige Preise → niedriges Einkommen der Bauern → Rationalisierung → Industrialisierung der Landwirtschaft → Intensivierung der landwirtschaftlichen Produktion → Vergewaltigung und Schädigung von Pflanze, Tier und Ökosystem in der Landwirtschaft«, dieser Zusammenhang ist mit dieser Politik von selbst gegeben.

Menschen nehmen solche Nachteile in Kauf, solange sie glauben, diese beträfen sie nicht. Erst wenn es dazu kommt, daß wir persönlich mit Schäden zu rechnen haben oder diese gar spüren, gehen uns die Augen auf. Einige wissen es allerdings schon: es ist soweit! Durch die Schädigung von Pflanze, Tier und Ökosystem essen wir auch solche beschädigten Pflanzen und Tiere, noch mehr, wir sind selbst Teil von solchen Ökosystemen, und man fügt auch uns Schaden zu. Und jene, die glauben, durch ihr gediegenes Heim im Grünen hätten sie sich privat von Umweltschädigungen abgeschirmt, irren sich; sie befinden sich nämlich auch in diesem Kreislauf.

2. Wege zur ökologischen Alternative

Es gibt verschiedene Wege, sich mit der alternativen Landwirtschaft vertraut zu machen. Man kann räsonnieren, das Gefühl ansprechen, Weltanschauung verbreiten, durch Schaden klug werden, ein Geschäft machen oder persönlich sich in dieser Alternative versuchen.

Der »vernünftige« Weg

Dieser Weg besteht darin, daß man nüchtern und wissenschaftlich die Schäden an Mensch und Umwelt, die von der modernen Landwirtschaft ausgehen, feststellt und darauf hinwirkt, sie durch »entsprechende« Änderungen in der Agrarpolitik zu »beseitigen«. Dieser Weg dürfte als der »vernünftigste« angesehen werden.

Entsprechend den bekannten Vorbildern (Gewässerschutz, Naturschutz) erweist sich dieser Weg jedoch als sehr mühevoll und er führt kaum weiter als zu einer Art Sonntags-Christentum, also zu den üblichen Symptombekämpfungen, interessenpolitischen Kompromissen und einzelnen an sich beispielhaften Musteraktionen. Die Vernunft ist eben in der heutigen Zeit, in Ost und West, ja auch in der Dritten Welt, auf mindestens einem Auge blind für alles, was den Glauben an die Idole »Industrialisierung« und »Wachstum« in Zweifel ziehen könnte. Deshalb sind wir überzeugt, daß dieses Vorgehen allein nicht genügt, obschon dieses auch zur Anwendung kommen muß.

Der emotional-politische Weg

Denkbar ist ein Versuch, die gegenwärtige Welle des steigenden Umweltbewußtseins und der steigenden Nachfrage nach biologisch gezogenen Lebensmitteln zu steigern, bis genügend Politiker glauben, darauf reiten zu können, um wiedergewählt zu werden – und die Gesetze zu ändern. Umweltschutzorganisationen, Bürgerinitiativen und die Umweltbewußten in allen Lebensbereichen könnten sich der Sache annehmen. Dieser Weg mag eventuell rascher zu Änderungen führen als der rein »vernünftige«, da er von einer breiten Zustimmung im Volk getragen würde. In Schweden scheint damals mit der Wahl Fälldins zum Ministerpräsidenten etwas ähnliches (Atompolitik) wenigstens im Ansatz vorgefallen zu sein. Im kleinen Rahmen, z.B. in einzelnen Städten, gibt es viele Beispiele dieser Art (Siedlungspolitik etc.). Ob die sich daraus ergebenden Änderungen aber genügen würden, um weitere irreparable ökologische Schäden, z.B. die Ausrottung weiterer Tier- und Pflanzenarten, zu verhindern, steht auf einem anderen Blatt.

Der weltanschauliche Weg

Manch einem Bauern, der noch nicht zum Agrotechniker degenerierte, kamen schon Zweifel über den modernen Fortschritt, als er im Verlaufe der Jahre miterleben mußte, wie mit der Giftspritzerei und den anderen Modernitäten immer mehr Kräuter, Blumen, Schmetterlinge, Käfer, Vögel, Lurche und Kleinsäugetiere verschwanden – die Pferde, die man wegen der Traktoren zu Millionen schlachtete, seien nur am Rande erwähnt. Leben verschwand, kaltschnäuzige Technik siegte. Ein Urinstinkt sagte, so kann das nicht gut weitergehen. Ist nicht jedes Leben unantastbar? Die Menschen im Scheitelpunkt der Technik, die Astronauten auf dem Mond, hielten es fest: wir sind eine einsame Oase des Lebens, wir in der dünnen Lebenshaut an der Oberfläche dieses einzigen Ausnahmeplaneten Erde. Der Urwalddoktor Albert Schweitzer sagte es auf seine Art, er sprach von der »Ehrfurcht vor dem Leben«. Heute mehr denn je stellt sich die Frage: hat der Mensch die lebendige Natur als zu mehrendes Lehen erhalten oder als Wegwerfgut – für einmal – und für immer?

Den nach biologisch-dynamischen Prinzipien arbeitenden Bauern, welche aufgrund der anthroposophischen Ideen Rudolf Steiners wirtschaften, wird oft vorgeworfen, ihr Tun sei nur weltanschaulich zu erklären, nicht naturwissenschaftlich oder rational. Dabei wird vergessen, daß der Glaube an die exakten Naturwissenschaften und an die Überlegenheit des Rationalen ebenfalls auf einer Weltanschauung beruht. Jeder Mensch hat eine Weltanschauung; er muß eine haben, sonst könnte er sich nicht mehr orientieren. Der weltanschauliche Weg zum ökologischen Landbau stellt also nichts anderes dar als jener Weg, der von einer Naturauffassung ausgeht, die sich von der heute üblichen unterscheidet.

In der Praxis stellt man fest, daß die Individuen und Gruppen, die auf diese Weise zum biologischen Landbau kamen, die ökologischen Gesetzmäßigkeiten ganz besonders zuverlässig einhalten und sich am wenigsten beirren lassen. Gesetze – ökologische und andere – werden eben immer dort am besten eingehalten, wo sie nicht nur zur Kenntnis genommen werden, sondern auch mit einer tieferen Grundüberzeugung im Einklang stehen. Daß der weltanschauliche Weg zu bemerkenswerten Ergebnissen führt, ist somit nicht verwunderlich.

Es wäre also sehr zu wünschen, daß wenigstens eine hegende, beschützerische Grundeinstellung zum außermenschlichen Leben weit verbreitet würde, ähnlich wie im Buddhismus und Hinduismus. Diese Grundeinstellung der Solidarität mit den Mitgeschöpfen läßt sich gut mit einem richtig verstandenen Christentum vereinbaren. Nach M. von Walterskirchen[2] verlangt die Bibel diese Solidarität sogar.

Durch Schaden wird man klug

Doch der weltanschauliche Weg, obwohl einfach, steht vielen Menschen nicht offen. Untersucht man die meistgenannten Gründe für die Umstellung von der konventionellen auf die biologische Betriebsweise, so findet man an erster Stelle irgendwelche schlechten Erfahrungen. Nichts scheint so gut zu motivieren wie die persönliche Betroffenheit. Da ist z.B. der Landwirt, der von den Ärzten aufgegeben wurde, und dank Umstellung seiner Ernährung auf möglichst naturnah gewachsene und rückstandsfreie Frischkost seine Gesundheit wiedererlangte. Ähnliches läßt sich von Menschen berichten, die auf Agrarchemikalien mit Allergien reagierten. Oder man denke an die vielen Viehhalter, deren Kühe immer kränker wurden, schon früh keine Kälber mehr bekamen und deshalb in immer jüngerem Alter geschlachtet werden »mußten«.[3] Dann wurde als letzter Ausweg die Umstellung auf eine biologische Wirtschaftsweise versucht, und die Lage besserte sich.[4] Daher läßt sich fast sagen: die biologische Landbaubewegung wird hauptsächlich von »gebrannten Kindern« getragen. Hier soll aber nicht anderen Menschen Schaden gewünscht werden, nur damit sie dadurch klüger werden. Doch wir vermuten, daß der biologische Landbau längerfristig u. a. gerade deshalb eine große Zukunft hat, weil eben die Umweltzerstörungen und die Bedrohungen der menschlichen Gesundheit zunehmen.

Das Drama im Cañete-Tal[5]

Diese Agrar-Ökokatastrophe in Peru und ihre teilweise Wiedergutmachung gibt sozusagen im Zeitraffer die landwirtschaftliche Entwicklung der ganzen Welt wieder. Wenn das Ende dieses Falles gut war, so läßt dies nicht den Schluß zu, es könne für die Welt ein ebensolches »happy end« geben. Denn das Peru außerhalb des Cañete-Tals, das hier zur Debatte steht, spielte die Rolle der Reservebank, die eine Wiederansiedlung ausgerotteter Tier- und Pflanzenarten ermöglichte. Der Planet Erde besitzt aber keine solche Reservebank. Wir haben nur eine Erde.

Die Subsistenzphase: bis 1948

Die peruanischen Küstenlandschaften bestehen aus zahlreichen Paralleltälern. Wasserreiche Flüsse ergießen sich, von der regenreichen Andencordillere kommend, ins Meer. Die Küstenlandschaft selbst erhält wenig Niederschläge. Die einzelnen Täler sind durch hügelige, vegetationsarme Wüstengebiete voneinander getrennt. Damit stellen sie durch Meer, Berge und Wüsten begrenzte, gut abgeschlossene kleine Ökosysteme dar. Unser Interesse gilt einem dieser Täler, dessen landwirtschaftliche Entwicklung besonders gut beobachtet wurde, dem Cañete-Tal.

Vor 1920 war in diesem Tal Zuckerrohr die Erwerbspflanze, danach wurde Baumwolle der Vorzug gegeben. Daneben wurden aber weiter Kartoffeln, Mais, Bohnen und andere Feldfrüchte angebaut. Man hatte robuste Baumwollsorten gewählt, die zwar keine Spitzenerträge brachten, dafür aber sich durch geringe Pflegeansprüche und hohe Widerstandskraft gegen Schädlinge auszeichneten. Pflanzenschutz hielt sich in engen Grenzen, und stärkeren Schäden wurde durch Arsen- und Nikotinpräparate entgegengewirkt. Die Hauptkontrolle der Schädlinge aber blieb deren natürlichen Gegenspielern überlassen. Handarbeit auf kleinen, abwechslungsreichen Feldern kennzeichnete diese Landschaft; es wurde nicht mehr erzeugt und angestrebt, als einheimische Handwerker verarbeiten konnten und als den bescheidenen Ansprüchen genügte. Diese Zeit – sie reicht bis in die Jahre 1945–1948, wird als »Subsistenzphase« bezeichnet.

Die Hochleistungsphase: 1949–1954

In diesen Jahren kam die Kunde von neuen, besseren Baumwollsorten und wirkungsvolleren Pflanzenschutzmitteln ins Tal, gleichzeitig wurde der Ruf nach Marktanschluß, Leistung und Gewinn ins Tal getragen. Neue Sorten, die intensivere Bewässerung benötigten, wurden nun angepflanzt. DDT und andere Chlorkohlenwasserstoffe wurden zur Verfügung gestellt, um die empfindlichen Sorten zu schützen. Zunächst stiegen die Erträge – allerdings kam es 1949 zu einem Zwischenfall; die ersten stärkeren DDT-Anwendungen hatten eine spezielle Schädlingsart zur Massenvermehrung angeregt, wodurch die Ernte stark abfiel. Der Rat von Ökologen, zu den bewährten stabilen Methoden zurückzukehren, wurde verworfen. Man war überzeugt, daß die neuen Methoden noch nicht intensiv genug angewandt würden, und baute sie systematisch und mit großem Erfolg aus. Die Ernten stiegen. Die Begeisterung war groß und nahm religiöse Züge an. Den Pestiziden wurden magische Kräfte zugeschrieben und eine direkte Beziehung zwischen Aufwandmenge und Ertrag gesehen. Alle Kulturarten wurden auf Baumwolle umgestellt, die Bewässerung bis an die Grenzen der Möglichkeiten ausgedehnt. Bäume, die den Flugzeugeinsatz zur Sprühung behinderten, und alle Sträucher wurden ausgehauen. Absolute Monokultur zeichnete den Rausch dieser »Hochleistungsphase«.

Die Krisenphase: 1953–1954

Die Wohn- und Nistplätze für Vögel und vieler anderer Tiere und damit die Helfer im natürlichen Pflanzenschutz waren verloren. Je gründlicher ein Schädling bekämpft wurde, desto rascher erholte er sich, in entsprechend rascherer Folge mußte gespritzt werden. Schockartige Erlebnisse traten hinzu: Die Hauptschädlinge wurden resistent gegen Chlorkohlenwasserstoffe; bisher harmlose Organismen traten als Massenschädlinge auf. Trotzdem, neue Biozide (Phosphorsäureester) hielten die Erträge zunächst aufrecht. Waren während der Subsistenzphase zwei bis drei Spritzungen im Jahr ausreichend, so mußte 1950–1953 alle vierzehn Tage, 1954 gar alle drei Tage gespritzt werden. Diese Zeit kann man deshalb die »Krisenphase« nennen.

Die Katastrophenphase: 1955–1956

Niemand ließ sich durch diese Anzeichen der Instabilität beunruhigen, bis schließlich 1955 und 1956 die Schädlingsresistenz den Sieg über die Chemie trotz praktisch permanenter Sprühungen davontrug. Der Anbau brach zusammen, die Ernten waren vernichtet. Wir wollen mit Ray Smith, dem wir diesen Bericht verdanken (Patterns of Crop Protection in Cotton Ecosystems, Vortrag auf dem »Cotton Symposium«, Universität Kalifornien, März 1964), dies als »Katastrophenphase« bezeichnen.

Die eingetretene Katastrophe führte zum Erwachen aus dem kurzen Traum der Hochertragszeit. Jetzt wurden, da die Chemiker versagt hatten, die Ökologen gerufen. Sie kamen als Vertreter des integrierten Pflanzenschutzes von einer benachbarten Versuchsstation. Ihre Methode:

Verzicht auf empfindliche Hochleistungssorten, Rückkehr zu widerstandsfähigen, anspruchsloseren Sorten, Aufgabe der ungünstigen Randgebiete mit schlechten Böden (Grenzertragsgebiete), strenge Standortwahl. Wiederanpflanzung von Hecken, Bäumen, ungenutzten Grasstreifen. Rückkehr zur Vielzahl der Kulturpflanzen. Kleinere Felder mit wechselndem Anbau. Mischkulturen. Scharfe Einschränkung des Biozideinsatzes; vorwiegend Rückkehr zu Arsen- und Nikotinpräparaten. Wir nennen dies die Phase des integrierten, ökologischen Anbaus.

Bereits im Einführungsjahr war wieder der Erfolg der Subsistenzphase erreicht; die wohldurchdachte Kombination aller naturgemäßen Möglichkeiten führte aber noch weiter: Die Monokultur war abgelöst durch eine vielfältig genutzte Landschaft, die Erträge stiegen in drei Jahren auf das doppelte Niveau der Subsistenzphase und damit auf das anderthalbfache der Hochleistungsphase und konnten in der Folge diese Höhe halten. Eine höhere ökologische Einheit zwischen Mensch und Natur ist wieder hergestellt.

In dieser zeitlich gerafften dramatischen Form treffen wir die Entwicklung selten an. Dennoch fällt es nicht schwer, vielerorts die sich dort langsamer vollziehenden Phasen des Cañete-Tals wiederzuerkennen. Weltweit steht die Krisenphase an. Sollte man nicht die letzte Phase einleiten, ohne die Katastrophen erst zu erleben? Genügt nicht das Beispiel lokaler Katastrophen und ökologisch stabiler Lösungsmodelle? Der integrierte Pflanzenschutz ist eines davon, vielerlei Varianten des biologischen Landbaus in aller Welt sind andere. Es ist nach unserer Darstellung verständlich, daß gerade die letzten vorwiegend über intuitive Zugänge gewonnen wurden, was ihnen, ohne Rücksicht auf ihren empirischen Erfolg, in einer wissenschaftsgläubigen Zeit den Vorwurf häretischen Sektierertums einträgt. Sind diese Methoden schon das endgültig Gesuchte? Gleichgültig! Sie weisen auf jeden Fall in die Richtung, die wir gehen müssen.

Geschäfte machen

Manager und Unternehmer werden sich natürlich fragen: könnte man nicht den mächtigen Antrieb des wirtschaftlichen Eigennutzens der Menschen als Motor des biologischen Landbaus einsetzen, um diesen voranzubringen? Dies würde nach dem Motto geschehen: Der biologische Landbau ist nicht nur gut für die Umwelt und die Gesundheit, sondern ist auch rentabel und schafft Verdienst und Arbeitsplätze.

Hier ist zu unterscheiden zwischen den wirtschaftlichen Möglichkeiten des Produzenten selbst und solchen von Zulieferern, Abnehmern sowie anderen. (Auf die ersten werden wir später ausführlicher eingehen.) Die geldmäßige Rentabilität scheint im biologischen Landbau oft recht gut zu sein, und es ist erstaunlich, daß andere Bauern, Subventionen zahlende Agrarbürokraten und Parlamentarier dies noch nicht gemerkt haben. Zulieferer gibt es viele, aber sie arbeiten in einem kleineren Rahmen, weil man im biologischen Landbau aus ökologischen Gründen darauf achten muß, nur wenig zuzukaufen. Mehr als die Existenz einiger »florierender Oasen« ist da nicht zu erhoffen.

Abnehmer haben von ihrem Absatzmarkt her eine bessere Chance, denn die Nachfrage nach biologisch gezogenen Lebens- und Nahrungsmitteln ist groß und ungesättigt. So gibt es denn eine Anzahl Unternehmer, die biologisch angebaute Nahrungspflanzen weiterverkaufen oder fabrikmäßig weiterverarbeiten und vermarkten. Bekannt unter den umgewandelten Bio-Produkten sind Biosäfte, Biobirchermus-Trockenmischung, Bio-Naturheilmittel und -kosmetika.

Gegenwärtig stellen sich einer zielstrebigen Entwicklung solcher Unternehmungen Widerstände entgegen. Die Nachfrage nach naturbelassenen biologischen Produkten ist zwar groß genug, so daß etliche Endverbraucher direkt auf den, wenn auch nicht so zahlreichen, biologischen Bauernhöfen einkaufen. Damit werden Zwischenhandel und die fabrikmäßige Weiterverarbeitung stark eingeschränkt, während das Einkommen der Produzenten aufgewertet wird.

Zweitens wird der Unterschied zwischen einem biologisch und einem konventionell gezogenen Produkt im allgemeinen um so kleiner, je stärker und länger es thermisch, chemisch usw. weiterverarbeitet wurde. Im Licht dieser Tatsache erscheint die Reklame gewisser Bio-Kaufleute bereits als etwas problematisch. Von staatlicher Seite werden hier manchmal starke Bedenken im Sinn des Verbraucherschutzes geltend gemacht. Andererseits muß man auch zugeben, daß die Regierungen sozusagen nichts tun, daß dieses Problem verbraucherfreundlich und gleichzeitig produzentenfreundlich gelöst wird – wahrscheinlich aus Rücksichtnahme auf die Mehrheitsverhältnisse unter den Bauern.

Drittens haben die Großverteiler von landwirtschaftlichen Produkten bisher ihre Chance nicht wahrgenommen, die darin liegen würde, ihren (bisher konventionell wirtschaftenden, aber an Kontrolle gewöhnten) Produzenten biologische Anbaurichtlinien mit entsprechenden Kontrollen aufzuerlegen.

Ein besonderer Fall von gutmeinendem Kommerzialismus zugunsten der ökologisch orientierten Landwirtschaft scheint bei der Lemaire-Boucher-Bewegung in Frankreich vorzuliegen. Um ein Netz von landwirtschaftlichen Beratern und ein starkes Sekretariat finanzieren zu können, wurden Bauern dazu gewonnen, sich für eine stetige Abnahme eines bestimmten Quantums Algenmehl samt der Beratung zu verpflichten. Die Menschen sind offenbar eher bereit, Geld zu geben, wenn sie dafür etwas Greifbares bekommen. Die Anzahl der Lemaire-Boucher-Bauern in Frankreich hat sich denn auch in kurzer Zeit rasch vergrößert. Wenn aber die Glaubwürdigkeit dieses Projektes erhalten werden soll, so darf dieser Verkauf von Algenmehl nicht im Mittelpunkt der Überlegungen stehen.

Im großen und ganzen läßt sich der Zugang zum alternativen Landbau vom Geschäftsinteresse her in vielen Fällen finden, doch zeigt sich das Bild eher noch als verwirrend. Es scheint schwierig zu sein, der Ökologie Vorrang zu geben, wenn man hauptsächlich von der Ökonomie motiviert wird. Auf alle Fälle sind die Möglichkeiten hier noch nicht ausgelotet worden. Der zaghafte Schritt von Migros-Sano (»Migros-S-Production«)* in der Schweiz deutet auf eine dieser Möglichkeiten.

Der Entwicklung des biologischen Landbaus eher schädlich als nützlich sind jene Krämertypen, die teure Bio-Produkte anbieten und ihr Geschäft mit dem Gesundheitswunsch und der Giftangst der Konsumenten machen, ohne sich im geringsten darum zu kümmern, ob ihre Produkte auch tatsächlich im ökologischen und ernährungsphysiologischen Sinne optimal erzeugt, gelagert und konsumiert werden.

Umstellung der eigenen Ernährung

Die bisher aufgezeigten Wege zur ökologischen Alternative im Landbau haben alle eines gemeinsam: sie sind für den Verbraucher nicht direkt gangbar. Landwirte, Politiker, Agrarbürokraten und andere spielen die Hauptrolle; der Verbraucher selbst ist nur mitbetroffen oder redet irgendwo am Rande mit. Es gibt aber auch den Weg der direkten Initiative im persönlich beeinflußbaren privaten und geschäftlichen Bereich, sei es nun bei sich selbst, sei es in der Familie, sei es bei Mitbürgern oder Mitarbeitern. Diese Umstellung kann auch bloß passiv erfolgen, indem nur die Einkaufs- und/oder Speiseauswahl-Gewohnheiten, und eventuell noch die Speisenzubereitung geändert werden. Wer aber die Kontrolle über die eigene Ernährung erlangen möchte, der organisiert seine eigene Lebensmittelproduktion und stellt gleichzeitig seine eigene Küche total um.

Bio-Konsument werden

Die Anzahl dieser Konsumenten ist Legion. So erzählt man sich in der Chemiestadt Basel genüßlich, daß besonders viele Manager aus der Chemiebranche sich auf diese Weise ernähren... Diese

* Migros: Die größte Einzelhandelskette in der Schweiz; größter schweizerischer Einkäufer landwirtschaftlicher Frischprodukte. 1925 von Gottlieb Duttweiler gegründet.

dürften wohl am besten wissen, wieviele Hunderttausende von neuen Chemikalien in den letzten Jahrzehnten durch die moderne Landwirtschaft und auf anderen Wegen in die Ökosysteme eingeschleust und so zur Gefahr für die Menschen geworden sind, dies nicht zuletzt deshalb, weil unser Wissen über den Verbleib, die Umwandlungen, das Zusammenwirken und die längerfristigen Auswirkungen dieser Chemikalien im einzelnen Körper und Ökosystem unzulänglich ist. Das dumpfe Gefühl, dieses gigantische Experiment und die rapide Zunahme der Zivilisationskrankheiten (Krebs, Kreislaufschäden usw.) stünden irgendwie in einem Zusammenhang, ist weit verbreitet. Den Vogel abgeschossen hat sicher jener Bauer, der an eine Zeitung schrieb:

»Gesunde Ernährung erzeuge ich nur für mich selbst. In meinem Garten streue ich keinen künstlichen Dünger und verwende keine Spritzmittel. Die Verkaufsfrüchte aber werde ich mit Kunstdünger ›beaasen‹ und auf Teufel komm raus mit Giftmitteln bespritzen. Soll die Wohlstandsgesellschaft das fressen, bis sie zugrunde geht. Wenn man uns den gerechten Preis nicht bezahlen will, sind wir auf Massenerträge angewiesen.«[6]

Die Konsumenten in der Stadt haben es nicht so leicht; sie besitzen in der Regel kein Land. Ihr Weg zur gesunden Ernährung ist mit Krankheiten, Umweltverschmutzung und Diätverrücktheiten gepflastert. Zudem werden diese Konsumenten von großen und kleinen Geschäftemachern, unverständigen Behörden und übel nachredenden Zeitgenossen geradezu belagert. Ist »Bio-Konsument werden« da überhaupt noch ein gangbarer Weg zu einer besseren Alternative? Die Antwort lautet: ja und nein. Dies geht aus der Tabelle 1 hervor, die nur einige der Möglichkeiten aufzeigt. Wenn eine unkritische, halbinformierte Hausfrau anfängt, ins Reformhaus zu gehen, um »ungespritztes Gemüse« zu kaufen, und die Familie im übrigen mit ihrer »gut bürgerlichen Reformkost« zwischen Schlemmen und Abmagern hin und her pendelt, so läßt sich nicht von einer nützlichen Alternative sprechen, höchstens von einem Anfang. Auch die vegetarische Lebensweise stellt in unserem Sinn noch keine dar, weil die meisten Nahrungsmittel dieser Art, die in den vegetarischen Restaurants und in den Haus-

Tabelle 1:
Möglichkeiten des Konsumenten für gesündere Ernährung

Grundhaltung	wo besorgen	für wen	Rolle der Küche
unkritisch uninformiert mystisch emotionell wissenschaftlich informiert-kritisch	vegetar. Restaurant Diätgeschäft Reformhaus Bio-Händler Bio-Produzenten-zusammenschluß einzelner Bio-produzent	für sich allein für Familie für Konsumgruppe für Betriebskantine	schlemmerhaft gut bürgerlich Abmagerung Experimentier-anstalt Frischkost

halten aufgetischt werden, nicht aus dem ökologisch orientierten Landbau stammen und zudem von guter oder schlechter innerer Qualität sein können.

Ein »richtiger«, konsequent sich verhaltender Bio-Konsument kann bei den heutigen Verhältnissen nur ein gut informierter Konsument sein; das heißt, er muß gut informiert sein über die Praktiken in der Produktion, Verarbeitung, Lagerung und Verteilung der Lebensmittel und über das, was die innere, ernährungsphysiologische Qualität eines Nahrungsmittels ausmacht. Es ist durchaus möglich, sich dieses Wissen anzueignen. Aber es ist eine besondere Anstrengung erforderlich, weil an sich die großen Institutionen wie staatliche Behörden, Schulen, Gewerkschaften, Unternehmerorganisationen, Verbraucherverbände, und auch die Bibliotheken, dieses Wissen in der Regel nicht bieten können.

Wenn es zutrifft, daß organisch gedüngte und ohne synthetische Biozide gezogene Kulturpflanzen im allgemeinen eine höhere ernährungsphysiologische Qualität aufweisen als anorganisch gedüngte und mit Chemikalien behandelte, dann steht es außer Frage, daß die Verbraucher von dieser höheren Qualität profitieren (siehe S. 93ff.). Ähnliches gälte für die ökologisch produzierten tierischen Lebensmittel. Der Beitrag zur Gesundheit wäre größer, was aber voraussetzt, daß die bessere Qualität der Frischprodukte nicht durch qualitätsmindernde Behandlung wie langes Lagern, Abtrennung wertvoller Bestandteile, starkes Erhitzen usw. nachträglich illusorisch gemacht wird. Es wäre deshalb im Sinne der

Förderung der Volksgesundheit verdienstvoll, wenn insbesondere die Verbraucherorganisationen sich das Wissen um diese Zusammenhänge aneignen, systematisch erweitern und weitergeben würden.

Wir machten eine diesbezügliche kleine Umfrage bei deutschen und schweizerischen Verbrauchergruppen. Das Ergebnis bestätigte unsere Befürchtungen: obwohl der Begriff der inneren, ernährungsphysiologischen Nahrungsqualität bekannt ist und bejaht wird und obwohl man auch z.B. von den Forschungsarbeiten von Professor Werner Schuphan gehört hatte, stützten sich die Vertreter der Konsumenten bei ihren Tests und Beratungen in der Regel auf die geltenden amtlichen Handelsklassen und Lebensmittelvorschriften. Diese sind jedoch, wie man weiß, aus politischen Kompromissen entstanden, wobei die gesundheitlichen Interessen der Verbraucher nicht den Ausschlag gaben.

Ferner zeigt ein Blick in verschiedene Verbraucherzeitschriften, daß dort die Preisfrage häufig über die Qualitätsfrage dominiert und daß unter der Fülle von industriellen Konsumgütern und weiterverarbeiteten Nahrungsmitteln (Ravioli, Dosenkonserven, Softeis, Erfrischungsgetränke etc.) das Interesse an landwirtschaftlichen und gärtnerischen Frischprodukten unterzugehen droht. Ebenso wird sehr viel Gewicht auf die Prüfung des Wahrheitsgehaltes der Werbung gelegt, was gewiß richtig ist, doch dies verbessert die Lebensmittel und die Information über Gesundheitswerte der Ernährung noch nicht.

Ist gleichwohl von Qualität von Lebensmitteln die Rede, so beschränkt sich die Diskussion meist auf hygienische Aspekte oder offizielle (und unbefriedigende) Toleranzgrenzen für Rückstände von Umweltchemikalien oder absichtlich beigefügte Zusatzstoffe. Manchmal kommt es dabei zu einem Lamento über schlechte Konsumgewohnheiten der Bevölkerung: »Wir essen zuviel, zu fett, zu süß« oder »Der Verbraucher kauft nur mit dem Auge«. Daß der Verbraucher zuerst über die notwendigen Informationen verfügen muß, um besser wählen zu können, wird eingesehen und gefordert, doch gibt es Konsumentenvertreter, die den Verbrauchernutzen der ökologischen Landbauweise selbst noch nicht kennen und sogar offen behaupten, Kunstdünger und Biozide seien unentbehrlich.

Kurz, wer sich auf den Weg begibt, um Bio-Konsument zu werden, kann kaum auf die Hilfe der Konsumentenorganisationen zählen. Trotzdem vermag der einzelne Verbraucher in der Stadt die Art von Fortschritt, die wir meinen, sehr wohl vorantreiben, auch wenn er nicht voll informiert ist. Würden nämlich mehr und mehr Menschen immer wieder überall nach biologisch gezogenen Lebensmitteln beziehungsweise nach Mahlzeiten aus solchen fragen, dann würden sie die notwendige Marktnachfrage beim Einzelhandel verstärken. Diese würde sich dann von selbst in den Verteilorganisationen, den Verarbeitungsbetrieben und bei den Produzenten bemerkbar machen. Dies würde den »emotional-politischen Weg« (siehe S. 14) zur ökologischen Alternative im Landbau ermöglichen.

Für jene Nahrungsverbraucher, die außerhalb des Landbaus irgendwo leitend tätig sind, bestehen weitere Möglichkeiten, die Zahl der Bio-Konsumenten zu vermehren. Dies zeigen die Beispiele (siehe Kasten S. 26/27).

Warum nicht eine »biologische« Kantine?

»Ein gediegenes Mitarbeiter-Restaurant soll nach dem neuesten Stand der Ernährungswissenschaften geführt werden. Es handelt sich keineswegs um eine Kantine im heute leider noch üblichen Sinn, sondern um eine Verpflegungsstätte, die nicht nur für Nahrung, sondern für gesunde Ernährung sorgt.« »Die Möglichkeit, den Körper gesund und leistungsfähig zu erhalten, muß in die Alltäglichkeit der Arbeitswelt eingebaut werden.« »Der Kontakt mit der Natur ist ein menschliches Urbedürfnis.« Dies sind Zitate aus dem »Unternehmerischen Leitbild der Zukunft« des schweizerischen Modehauses *Spengler AG*. Zum 1972 neu errichteten Verwaltungs- und Versandhaus in Münchenstein/BL gehören ein Fitneß-Zentrum mit Turnhalle, Schwimmbad, Kneipp-Bädern und Sauna, ein japanischer Dachgarten, eine Gartenlandschaft auf dem Vorgelände, viele Pflanzen in den Büroräumen, ein schöner Ausblick in die Landschaft und das erwähnte Personalrestaurant.

Das letztere bietet täglich »eine rein biologisch-dynamische

Mahlzeit«. Es werden nur biologische Gemüse verwendet. Den Mitarbeitern werden in ausführlichen Tonbildschauen Kenntnisse über richtige Ernährung nahegebracht. Auf alle Nahrungsmittel, die sich als schädlich erwiesen haben, wird verzichtet.

Zur Firma *Christoph Stoll KG* in Waldshut gehört ein ca. 1 ha großer biologisch-dynamisch geführter Garten, sowie einige Kühe, Kälber und Schweine, die u. a. Dünger-Rohmaterial für den Kompost liefern. Das Gemüse wird gartenfrisch und in möglichst naturbelassenem Zustand oder schonend zubereitet in der Betriebskantine für ca. 150 Mitarbeiter (die Hälfte der Belegschaft 1976) verwendet. Frau Emma Stoll, Bauerntochter und Gattin des Firmeninhabers, leitet u. a. den betrieblichen Landbau und die Kantine. Es werden zwei Mahlzeiten geboten, eine mit und eine ohne Fleisch, beide sehr preiswert, beide ausgerichtet auf neuzeitliche Erkenntnisse über Ernährung von Menschen, die sich wenig bewegen. Auch die Firmeninhaber und die Besucher nehmen ihre Mahlzeiten in der Kantine ein. Man ist sehr um ein gutes Betriebsklima bemüht.

Selbstversorger werden

Wer im Gärtchen vor dem Haus drei Gemüsearten selber zieht, wird damit noch lange nicht zum Selbstversorger. Wer hingegen auf eigenem oder gepachtetem Land den allergrößten Teil seiner Ernährung selbst produziert oder für sich produzieren läßt, den kann man schon als alternativ lebend in unserem Sinne bezeichnen, vorausgesetzt, daß ökologisch rücksichtsvoll produziert wird.

Es gibt Nicht-Landwirte, die sich ihren biologischen Bauernhof halten. Wenn man weiß, daß in der Bundesrepublik nahezu die Hälfte aller Landwirte dies nur im Nebenberuf sind, könnte man sich eigentlich vorstellen, daß manche Familie nebenbei nicht nur einen Kleingarten, sondern ein größeres Stück Land bewirtschaften könnte.

Da Land jedoch teuer ist, kommt für die meisten ein kleinerer Selbstversorgergarten in Frage. Wer vor dem Haus nicht gärtnern kann oder wegen Immissionen usw. nicht will, versucht es vielleicht weiter weg in einer Schrebergartenanlage oder sonstwo. Vor der Pachtübernahme ist man gut beraten, die Möglichkeiten einer nach biologischen Prinzipien ausgerichteten Gartenhaltung abzuklären. Denn es gibt manche Nachbarn, ja sogar Leiter von Familiengartenvereinen, die aus verschiedenen Gründen dagegen eingestellt sind. Der Hauptgrund liegt in Unkenntnis und Vorurteil. So z.B. herrscht vielerorts ein naturfremder Ordnungs- und Sauberkeits-Fanatismus; für diese Leute können Mischkulturen, Gründüngung, Mulch und Kompost bereits verabscheuungswürdige Unordnung bedeuten. Ein anderer Grund kann finanzielle Interessenverquickung zwischen Familiengärtnerverein und Zulieferfirmen sein, z.B. Provision auf Kunstdünger u.a.

Wer wirklich wissen will, was er ißt, versorgt sich tatsächlich am besten selbst. Meist ist es die Ehefrau, die den größten Teil der Arbeit im Selbstversorger-Biogarten und anschließend in der Küche verrichtet (weshalb ihr an dieser Stelle auch einmal gedankt sei). Andererseits ist diese Arbeitsteilung auch zu bedauern, denn für die Betroffenen kommt eben nur durch direkte, praktische Erfahrung im alternativen Groß- oder Klein-Landbau jene Sicherheit der ökologischen und ernährungsmäßigen Einsichten zustande, die vor gegnerischen Angriffen standhält.

Hat man sich entschlossen, im Ausmaß annähernder Selbstversorgung einen Garten nach biologischen Prinzipien zu bebauen, lassen sich folgende Erfahrungen sammeln:

Man kennt jetzt die Pflanzen, die man ißt, und verschlingt nicht mehr irgendeine Mahlzeit, sondern ißt die selbst gezogenen und gepflegten »Sprößlinge« bewußter, wissender, einfühlender. Man entwickelt einen differenzierteren Geschmack, der aber nicht nur mit demjenigen des Schlemmers oder Küchenchefs zu vergleichen ist, sondern auch eine Bindung zum pflanzlichen Leben aufweist, dessen Entwicklung, Gefährdung und Reifen bis hin zur Zubereitung für den Verzehr man miterlebt. Man lernt mit der Zeit z.B. zu unterscheiden zwischen frischem und schon einige Zeit abgestorbenem Gemüse. Da im Garten üblicherweise nur Gemüse gezogen wird, jedoch keine Tiere gehalten werden, entwickeln sich das Unterscheidungsvermögen und die innere Beziehung vor allem in Richtung zum Pflanzlichen, und innerhalb des Pflanzlichen immer mehr zum Frischen, zum Lebendigen. Die Biogartenpflege kann einen also zur Frischkost führen, auch wenn man weder Kollath noch Bruker oder Schnitzer oder Bircher-Benner gelesen hat (Tab. 2, S. 30).[7]

Da ferner die Pflanzen aus dem eigenen Garten sozusagen von selbst zur Verfügung stehen und möglichst frisch gegessen werden wollen, hält man sich daran und verschiebt das Essen von Fleisch immer wieder. Schließlich ernährt man sich hauptsächlich mit dem, was im Garten gewachsen ist, und man stellt erstaunt fest, daß man zwar nicht zum Vegetarier geworden ist, daß man aber Selbstgezogenes einfach lieber mag. Fleisch wird zur Nebensache, sozusagen zum »Zugemüse«. Nebenbei bemerkt man, daß man dadurch ziemlich viel Geld spart. Und statt primitiv Salz und Pfeffer auf die Nahrungsmittel zu streuen, lernt man auf der Tonleiter der vielerlei Aroma- und Geruchsvarianten zu spielen, die einem der Umgang mit den vielen eigenen Gewürzkräutern im Garten und den Wildpflanzen wahrnehmen gelehrt hat.

Mit Frischkost kann man kaum zu viel essen, was nebenbei auch zur Folge hat, daß man sein Körpergewicht »normalisiert«. Allgemeines Wohlbefinden und Spannkraft steigen, und wenn man das merkt, fühlt man sich beim eigenen Essen endgültig »geborgener« und man beginnt spätestens dann, Literatur über neuzeitliche Ernährung zu lesen, und nicht nur Veröffentlichungen über biologischen Landbau.[9] Dabei bestätigt sich wieder die Einsicht, daß nach neuesten wissenschaftlichen Erkenntnissen jene Ernährung als die beste zu betrachten ist, die täglich frisch – z.B. aus dem eigenen Garten – bezogen wird, vorausgesetzt, sie ist rückstandsfrei, stammt aus naturnah gewachsenen Pflanzen und Tieren, und wurde möglichst frisch und unverändert oder sehr schonend zubereitet und sogleich konsumiert (siehe Tab. 2 S. 30).

Man gab sich früher nie Rechenschaft darüber, daß es darauf ankommt, einen möglichst hohen Anteil von »Lebendigem« zu essen, oder mindestens von »frisch Getötetem«, und zwar in erster Linie aus dem Pflanzenreich. Die heute übliche konservierte und fabrikmäßig veränderte Nahrung ist zweitklassig. Stark veränderte, einseitig gemachte Nahrungsmittel, wie z.B. Fabrikzucker, Auszugsmehl, raffinierte Fette und alle damit hergestellten Speisen und Getränke, darf man guten Gewissens als schädlich bezeichnen.

Tabelle 2: Die Ordnung unserer Nahrung nach Prof. Kollath[8]

	Lebensmittel			Nahrungsmittel		
	a) natürlich	b) mechanisch verändert	c) fermentativ verändert	d) erhitzt	e) konserviert	f) präpariert
Pflanzenreich	1a) Samen I Nüsse Mandeln	1b) Öle	1c) Eigenfermente: Hefe Bakterien	1d) Gebäcke I Brot aus Vollmehl bis Feinm.	1e) Gebäcke II Konditorwaren Kuchen	1–2f) Pflanzliche Präparate, Kunstfette, Stärke, Eiweiß, Zucker, Auszugsmehl, Grieß, Makkaroni, Nudeln
			Breie			
	2a) Samen II Getreide	2b) Mahlprodukte Vollmehl Schrote	2c) ungekocht Vollkorn Vollschrot Vollmehl	2d) gekocht	2e) Dauerbackwaren Konfekt Schokolade	
	3a) Früchte	3b) Salate I Naturtrübe Säfte	3c) Gärsäfte	3d) Gemüse II	3e) Fruchtkonserven Marmeladen	3–4f) Aromastoffe Fruchtzucker Vitamine Wuchsstoffe Fermente Nährsalze
	4a) Gemüse I	4b) Salate II	4c) Gärgemüse Sauerkraut	4d) Gemüse III	4e) Gemüsekonserven	
			Fleisch			
Tierreich	5a) Eier	5b) Blut	5c) Schabefleisch	5d) erhitztes	5e) Tierkonserven	5f) Tierpräparate
	6a) Milch	6b) Milchprodukte	6c) Gärmilch	6d) gekochte Milch	6e) Milchkonserven	6f) Milchpräparate
Getränke	7a) Quellwasser	7b) Leitungswasser	7c) Gärgetränke Wein, Bier	7d) Extrakte Teearten Brühe	7e) Gemische Kunstwein Liköre	7f) Destillate künstl. Mineralwasser Branntwein

Wenn naturnah gewachsene, keimfähig gebliebene Samenkörner (Getreide, Nüsse etc.), frische Wurzeln, Blätter und Früchte längere Zeit die Hauptnahrung gebildet haben, ändert sich die eigene Geschmacksempfindung. Man verliert die Lust nach vielem, was man früher gierig in sich hineinstopfte, z.B. Zuckerwaren, Feingebäck, Teigwaren, Speiseeis, usw. Leute, welche ihre Kinder von Geburt an entsprechend solchen Erfahrungen ernährten, stellten fest, daß die Kinder völlig intakte Gebisse haben und von sich aus keine Schleckereien mögen!

Für solche positiven Erfahrungen muß man offenbar bezahlen, indem man Bezeichnungen von »lieben« Mitbürgern in Kauf nehmen muß wie »Gesundheitsapostel«, »Grasfresser«, »Biofanatiker«, »Sektierer« usw. Wer diese seelischen Kosten gering halten will, probiert am besten in aller Stille selber aus, was er wissen will, und schweigt darüber. Sich, die Angehörigen und vielleicht auch andere ernährungsphysiologisch richtig zu ernähren wäre an sich ein logischer Gedanke – wieso soll man sich neuesten wissenschaftlichen Erkenntnissen und solchen der eigenen Erfahrung verschließen? Doch solange sich so viele Menschen mit toter Mangelkost übersättigen, so lange gilt das letztere als normal, und alles andere als anormal.

3. Die verwirklichten Alternativen

Nein sagen als Alternative

Nein sagen zum Üblichen, das vorherrscht und zum Üblen führt, ist auch eine Art Alternative. Allerdings ist es notwendig, diskret, freundlich und vorsichtig nein zu sagen, denn die Normalen wissen noch nicht, daß sie es kaum mehr sind. Wenn man ihnen den Spiegel ihrer Entwicklung allzu eindringlich vorhält, werden sie aggressiv, dabei sind wir gleichwohl auf sie angewiesen.

Daher ist es am besten, wir trennen uns zunächst nur innerlich von den gängigen Klischees und werden zum kühl beobachtenden Verhaltensforscher und Anthropologen, der unter dem wilden Stamm des »homo syntheticus« lebt und dessen sonderbare Riten studiert. Gelingt uns dieser Schritt zur inneren Unabhängigkeit, dann wird es uns wie Schuppen von den Augen fallen. Wir werden sehen, daß dem Nein zur üblichen Fehlernährung konsequenterweise ein Nein zur üblichen Landwirtschaft und ein Nein zum üblichen, rasanten Umweltkapital-Mißbrauch folgen muß.

Zunächst: Nein sagen ist notwendig, aber noch nicht genügend. Bleibt man beim Nein stehen, läuft man Gefahr, sich so zu verhalten wie die schon erwähnte Hausfrau, die unkritisch Reformkost kauft oder gar im eigenen Bio-Garten mit zuviel Jauche die selbstgezogenen Pflanzen krank macht. Das Nur-Nein des Landwirts würde bedeuten, keine Chemikalien mehr zu verwenden und im übrigen weiter zu wirtschaften wie bisher. Dies wurde öfter versucht, manchmal erfolgreich, häufiger mit schädlichen Folgen. Nein sagen und es dabei belassen heißt demnach die Schuppen, die einem von den Augen fielen, wieder anzuheften.

Die alternativen Landbau-Richtungen

Was bei der alternativen Ernährung die lebendige, organisch unversehrte Nahrung bedeutet, dem entsprechen im alternativen Landbau der lebendige Boden und die Förderung des Lebenden überhaupt. In der Praxis führte dies allerdings nicht zu einer einzigen Alternative, sondern zu einer Vielzahl von »Richtungen« des biologischen Landbaus (siehe Tab. 3 S. 34).

Die eigentlichen Alternativen sind in der Tabelle oberhalb der »Bewußtseinsschwelle« (waagerechter Strich) zu suchen. Knapp unter dieser Schwelle stehen jene schon bekannten oder sich jetzt artikulierenden Richtungen oder Bewegungen, die im Sinne unserer Ausführungen ein Nein beinhalten, aber immer noch die Möglichkeit von Kompromissen zwischen »biologisch« und »chemisch« offen lassen. Gewiß ist es für die Natur und die Gesundheit von Mensch und Tier besser, wenn »integriert«* vorgegangen, als wenn »vorsorglich« und im Übermaß mit Gift gespritzt und gedüngt wird. Dies sei anerkannt. Andererseits ist festzuhalten, daß man mit den Ökosystemen nicht beliebig umgehen kann. Entweder sie funktionieren in dauerhaftem, stabilem Fließgleichgewicht, oder sie werden durch störende menschliche Eingriffe so unstabil, daß sie sich bis zur Vernichtung hoch- oder tiefschaukeln.[10]

Die Tabelle 3 ist so zu verstehen, daß sie vier Skalen umfaßt, die lose nebeneinander stehen. Das Lesen von links nach rechts ist nur bedingt möglich. Die Angaben der Tabellen geben keine Sicherheit, daß die jeweiligen Anbaurichtlinien und theoretischen Grundlagen in den einzelnen Betrieben tatsächlich konsequent angewendet werden.

* Die »integrierten« Landwirte verwenden gewisse Techniken des ökologischen Landbaus (z. B. biologische Schädlingsabwehr), beobachten ihre Kulturen besonders intensiv und greifen erst dann korrigierend ein, wenn eine (schwierig zu bestimmende) bestimmte Schadensschwelle des Befalls erreicht ist. Hingegen wenden sie auch chemische Mittel an und sehen im geldmäßigen Betriebserfolg ihre Priorität.

Tabelle 3: Mögliche Einstufung verschiedener Landbau-Alternativen (Nach R. Fritschy, 1976, verändert)

Stufe	*Richtung/Methode*	*Ökologisches Bewußtsein*	*Verhältnis zu Pflanze u. Tier*
ökologisch orientierte, giftfreie und kunstdüngerfreie Landwirtschaft	biologisch-dynamisch, sowie einzelne andere Produzenten	Landwirtschaft ist als nachhaltig stabiles Ökosystem in das übergeordnete Ökosystem eingegliedert	Freilebende Tier- und Pflanzenarten erhalten Dauerlebensmöglichkeiten; Pflanzen u. Tiere gelten als Mitarbeiter
↑	↑	↑	↑
ökologisch orientierte, nur ausnahmsweise milde Gifte und Kalimagnesia verwendende Landwirtschaft	organisch-biologisch, Lemaire-Boucher, SGBL** (Schweiz), Howard-Balfour, andere	Einsicht in die netzartige Verbundenheit aller Einzelheiten; Ganzheitsbetrachtung des Betriebes als Organismus	Wie oben, etwas weniger ausgeprägt
↑	↑	↑	↑
– – – – – –	– – – – – Bewußtseinsschwelle: umdenken, umschwenken –	– – – – – –	– – – – – –
giftarme Landwirtschaft	ANOG*, integrierte Methode, andere	beginnendes Gesundheits- und Umweltbewußtsein, ökonomisch-ökologische Kompromisse	
↑	↑		
	Migros-Sano, andere		
	↑	↑	↑
konventionelle Landwirtschaft mit teilweiser Selbstversorgung	übliche, »offizielle«	kurzfristige ökonomische Aspekte stehen im Vordergrund	Insekten sind »Ungeziefer«, Kräuter sind »Unkräuter«, Riede sind »Ödland«
↑	↑	↑	↑
industrielle, »moderne« (chemo-intensive) Landwirtschaft	Spezialisierung, Monokultur, Massentierhaltung, Intensivbetriebe. Immer häufiger üblich und offiziell gefördert.	kurzfristige ökonomische Aspekte sind allein maßgebend	schonungslose Ausbeutung aller Ressourcen; Nutztiere und -pflanzen gelten als Produktionsmittel, Vernichtung fast aller freilebender Tier- und Pflanzenarten

* ANOG = Arbeitsgemeinschaft für naturgemäßen Qualitätsanbau von Obst und Gemüse e. V.
** SGBL = Schweizerische Gesellschaft für Biologischen Landbau

Die biologisch-dynamische Wirtschaftsweise

Bei den verschiedenen Richtungen des alternativen Landbaus besteht der größte Unterschied zwischen der biologisch-dynamischen Richtung und den anderen. Jene beruht auf einem komplexeren und umfassenderen natur- und geisteswissenschaftlichen Fundament, wie sich dies z.B. auch in der größeren Anzahl publizierter wissenschaftlicher Arbeiten[11] und im konsequenten Streben nach Unabhängigkeit und im weitgehenden Verzicht auf Zukauf von Futter und Düngemitteln (geschlossener Betriebskreislauf, Autarkie) zeigt. Allerdings stimmt die Vorstellung nicht, daß die Bauern auf den biodynamischen Höfen ohne Maschinen wirtschaften und so autark sind wie der Goldenhof in Urberg (Schwarzwald), der durch eine Fernsehsendung bekannt wurde. (Dieser Bauernhof stellt einen Sonderfall dar.)

Die biologisch-dynamische Wirtschaftsweise wurde 1924 von Dr. Rudolf Steiner in Deutschland begründet.[12] In der Bundesrepublik gibt es zur Zeit ca. 300 solcher Betriebe (Durchschnittsgröße ca. 20 ha), die meisten davon im Süden und Südosten. Eine erhebliche Zuwachsrate ist zu verzeichnen. In der Schweiz gibt es ca. 80, ferner ca. 30–40 Umstellungsbetriebe (0–4 Jahre nach der Umstellung). Typische technische Merkmale sind: betriebseigene Haufenkompostierung aller organischen Abfälle des Hofes, unter Verwendung von sechs selbst hergestellten Pflanzenpräparaten, Verwendung von zwei selbst hergestellten, wachstumsanregenden und stärkenden homöopathischen Spritzpräparaten, genaue Beachtung des Zeitpunktes aller Feld- und Gartenarbeiten gemäß dem Rhythmus kosmischer Konstellationen (Verwissenschaftlichung der alten Bauernregeln), Verwendung nur ungiftiger Hilfsmittel, häufige Kombination der bäuerlichen Arbeit mit fürsorgerischen, philosophischen und kulturellen Tätigkeiten.

Im Zusammenschluß betreiben diese Betriebe eine eigene Forschung und versuchen u.a., Qualitätsuntersuchungen mittels Steigbildverfahren und Kupferchloridkristallisations-Bildern durchzuführen. Biologisch-dynamische Betriebe arbeiten in allen Ländern nach einheitlichen Richtlinien. Die größte, biodynamisch bearbeitete Fläche in einem Land befindet sich dem Vernehmen nach in Australien. Dort sollen auf bisher in geringem Maße mit landwirtschaftlichen Chemikalien behandelten Böden und Pflanzen die biologisch-dynamischen Präparate eine deutlich spürbare Wirkung haben.

Organisch-biologisch und allgemein biologisch

Die Nicht-Biodynamiker unter den »Biologen« kann man als Gesamtgruppe den Biodynamikern gegenüberstellen, insbesondere, was die theoretischen Grundlagen betrifft. In der Praxis herrscht allerdings eine beträchtliche Vielfalt. Die praktischen Unterschiede können im Extremfall so weit gehen, daß einige »organische« Höfe einen Teil ihrer Produktion biologisch, den anderen Teil konventionell organisieren oder daß sorgfältigste Bodenpflege und »Tierkonzentrationslager« nebeneinander bestehen. Wieder andere Betriebe dieser Richtungen kann man wegen ihrer naturnahen und tierfreundlichen Wirtschaftsweise ohne weiteres in die Stufe »ökologisch orientierte Landwirtschaft« einordnen. Es ist u. a. diese Vielfalt, welche die gutwilligen Behörden zur Verzweiflung treibt und die es ihnen unmöglich erscheinen läßt, den Begriff »biologisches Produkt« zu schützen. Die genau gleiche Vielfalt aber wird von den Gegnern des biologischen Landbaus aufs Korn genommen, weil man dadurch Vorwände zur Bekämpfung oder Boykottierung solcher Projekte vorzufinden glaubt.

Unter *organisch-biologisch* versteht man im deutschen Sprachgebiet die »Müller-Rusch-Betriebe«, von denen es in der Schweiz ca. 300 geben soll, in der Bundesrepublik vielleicht 80–90, weitere in Österreich und anderen Ländern. Die durchschnittliche Fläche pro Betrieb dürfte in der Schweiz etwa 10–12 ha, in der BRD 15–20 ha betragen. Diese Betriebe praktizieren Flächenkompostierung (Frischmistverzettung), lassen die Industrieprodukte Thomasschlacke und Kalimagnesia zur Säure/Basen-Regulierung im Boden zu, flammen Unkraut im Notfall mit Butangas ab, verwenden leicht giftige Pflanzenextrakte, in Sonderfällen (z. B. schlechtes Jahr im Obstbau) sogar gewisse giftige synthetische Chemikalien, und stützen ihre Bodenbeurteilungen auf den Mikrobentest von Dr. H. P. Rusch. In zahlreichen organisch-biologischen Gärten wird auch Haufenkompost hergestellt. Der Begründer dieser Richtung ist Dr. H. Müller, Großhöchstetten (Schweiz).

Etwas strenger ökologisch ausgerichtet als die Müller-Rusch-Betriebe sind die ca. 30–35 Landwirtschafts- und Gärtnereibetriebe der *Schweizerischen Gesellschaft für biologischen Landbau* (SGBL). Diese kleine Gruppe von Erwerbsbetrieben hat sich kürzlich – zusammen mit ca. 1000 weiteren Mitgliedern, die vorwiegend Kleingärtner sind – neue Anbau-Richtlinien gegeben, die auf neuesten wissenschaftlichen ökologischen Erkenntnissen beruhen. Die neuen Anbau-Richtlinien wurden als »hochstehender gemeinsamer Nenner eigentlich aller Biolandbaurichtungen« bezeichnet. Für manche Biobetriebe dürfte dieser »gemeinsame Nenner« vorläufig noch als ein in gewissen Bereichen (z.B. Obstbau) etwas hochgestecktes Ziel gelten, das es anzustreben gilt. Andere Betriebe hingegen genügen den Ansprüchen dieser Richtlinien vollauf und arbeiten sogar mit zusätzlichen Pflegemaßnahmen.[13]

In den angelsächsischen Ländern gibt es Hunderte, ja Tausende von »organic farms«. Genaue Zahlen sind nicht erhältlich, zudem sind diese Statistiken ungenau, weil es zahlreiche Umstellungsbetriebe gibt. Zudem werden Kleinbetriebe das eine Mal dazugezählt, das andere Mal aber nicht. Die Zahl für England wird auf 250 geschätzt, für die USA auf 12000.[14] »Organic« ist das englische Wort für »biologisch« im Sinne einer Landwirtschaftsweise und geht z. T. auf die Ideen und Schriften von Sir Albert Howard[15] zurück. Allgemeinverbindliche, genaue Anbaurichtlinien für alle organischen oder allgemein biologischen Betriebe gibt es nicht.

In Frankreich gehen die Uhren etwas anders; das Wort »organique« ist nicht im Gebrauch, man sagt »biologique« und meint etwa dasselbe wie biologisch. Die meisten biologischen Produzenten Frankreichs folgen den Richtlinien der Theoretiker Lemaire und Boucher; diese ließen sich stark von der englischen »Soil Association« und der Henry Doubleday Forschungsgesellschaft inspirieren. Es soll zwischen 1000 und 2000 Lemaire-Boucher-Betriebe geben (ohne die Kleingärtner).[16] Es wird angenommen, daß im größten Agrarland Westeuropas prozentual am meisten Bodenfläche biologisch bewirtschaftet wird. Ein eindeutig kommerzielles Element wurde dadurch in diese Methode eingeführt, daß die Verwendung von Korallalgenkalk, der vor der Atlantikküste Frankreichs abgebaut wird, für obligatorisch erklärt wurde, um so einen gewissen organisatorischen Rückhalt zu erhalten. Dieser Kalk wird pulverisiert verstreut; er bindet Gerüche im Stall und in der Jauche und bringt mineralische Spurenelemente in den Boden.

Im Zusammenhang mit dem allgemein-biologischen Landbau muß auch die Nahrungsmittelproduktion jener Milliarde Menschen erwähnt werden, die in China leben. Besucher berichten[17], daß ca. 70 % der dortigen Landwirtschaft biologisch, resp. »organically« arbeitet, wobei ganz einfach uralte chinesische Techniken der Anpassung an die ökologischen Bedingungen fortgesetzt, weiterentwickelt und intensiviert werden. Auch die organischen Abfälle von Millionenstädten und die menschlichen Abgänge werden kompostiert und dem Land zugeführt. In diesem Rahmen sind das massive Wiederaufforstungsprogramm und die Fütterung des riesigen Schweinebestandes mit Abfällen (statt mit Getreide und anderer Menschennahrung) zu sehen. Nicht dazu paßt, daß auch in China in gewissen Gegenden vermehrt Kunstdünger eingesetzt und die Landschaft laufend begradigt und vereinfacht wird, um den Maschinen besser zu dienen. Es scheint, daß die Nachfolger Mao Tse Tungs sich vom Biologischen ab- und dem Technisch-Industriellen zuwenden.

Das Gemeinsame aller dieser Alternativen

Es gibt einen internationalen Zusammenschluß der verschiedenen Richtungen des biologischen Landbaus in der IFOAM (International Federation of Organic Agriculture Movements), deren Sekretariat sich 1976–1978 in Oberwil (Baselland, Schweiz) befand und 1979 nach USA verlegt wurde. In der IFOAM sind Organisationen aus ca. 20 Ländern aller Kontinente vertreten. Das Gespräch über die gemeinsame Basis ist in Gang gekommen.

Wie aus Tabelle 3 hervorgeht, besteht das Gemeinsame der Mitglieder in der umweltschonenden Einstellung und in der ökologischen Orientierung dieser Landbauweisen. In allen biologischen Richtungen wird der Landwirtschaftsbetrieb als ein ganzheitlicher, standortgebundener Natur-Organismus aufgefaßt, gleichsam als ein Lebewesen für sich. Dieses Lebewesen hat seine eigenen Regeln, und diese müssen kennengelernt und beachtet werden. Zu diesem Lebewesen gehört auch der Boden, er stellt einen Organismus dar, der ständig beobachtet, gefüttert und gepflegt werden muß. Statt Lebewesen oder Organismus kann man auch Ökosystem sagen.

Natürliche, vom Menschen unbeeinflußte Ökosysteme (z.B. ein Urwald, eine ursprüngliche Alpenwiese, ein ursprünglich gebliebener See) erhalten sich selbst gesund und im Gleichgewicht, düngen sich selbst, produzieren dauernd. Dabei entfalten sie sich zu immer größerer Mannigfaltigkeit der Lebensformen und Kräfte, und gewinnen an Stabilität. Dies tun sie mittels »ewiger« Stoff- und Energiekreisläufe, angetrieben durch die Sonne.

Jeder Landwirt, ob biologisch arbeitend oder nicht, sucht das (natürliche) Ökosystem seines Standorts so zu verändern, daß er mehr von dem produziert, was er selbst ernten will, und weniger von dem, was von selbst wächst oder zuwandert. Der biologisch denkende Landwirt oder Gärtner sucht hingegen in Angleichung an die Funktionsweise der Ökosysteme einen betriebseigenen Stoffkreislauf aufrechtzuerhalten: das Abgestorbene soll die Grundstoffe für das neue Leben liefern. Dadurch wird sein Betrieb nicht nur naturgemäßer, sondern auch von Fremdstoffzufuhr unabhängiger, also »bodenständiger« als der seines konventionellen Kollegen. Dieser sieht seinen Betrieb vor allem durch die Brille der Arbeitsrationalisierung, wie einen Fabrikationsbetrieb: auf der einen Seite kommen (immer mehr) Produktionsmittel zum Einsatz, im Betrieb selbst sollen möglichst wenig Arbeitsstunden anfallen, und auf der anderen Seite werden, wenn möglich, immer mehr Produkte ausgestoßen.

Aus der Nachahmung der ökologischen Kreisläufe und der Mannigfaltigkeit der Natur ergeben sich weitere gemeinsame Merkmale, die für alle biologischen Richtungen zutreffen. Nicht unmittelbar die Pflanze, sondern der Boden wird gedüngt, das heißt, man füttert und hegt die Kleinorganismen im Boden, vermehrt den Dauerhumus durch verschiedene Maßnahmen, sorgt bei allen Gärungs- und Zersetzungsprozessen für genügende

Luftzufuhr (aerobe Rotte), vermeidet alle Maßnahmen, die das Bodenleben oder anderes Leben schädigen könnten (Ausnahmen bestätigen die Regel). Man vermeidet Maximalerträge wegen der dabei auftretenden Beeinträchtigungen der Qualität und/oder der Gesundheit, man pflegt die Vielfalt und erreicht so größere ökologische Stabilität und Schädlingsfreiheit (Mischkultur, vielseitige Fruchtfolge, Landschaftspflege); man pflügt nicht mehr so tief um, sondern lockert den Boden womöglich mittels Pflanzen und Bodenlebewesen (z.B. Regenwürmer), man hält den Boden, sofern es geht, dauernd bedeckt, um ihn »gar«, d.h. feucht, locker, krümelig und belebt zu erhalten; man sucht mit wenig Maschinen und Gerät auszukommen und ist bestrebt, sich angepaßter Technologien zu bedienen. Man schafft Biotope auch für kleinere Wirbeltiere, wie Vögel, Igel, Wiesel, Lurche. Im Idealfall sieht das biologische Gut wie ein Abbild einer vielgestaltigen, von Menschen und vielerlei Tierarten besiedelten Landschaft aus: Wald, Ried, Teich, Hecken, Feldgehölz, Wiese, Acker, Obstanlage, Garten, in harmonischen Proportionen. Dies setzt voraus, daß nicht der letzte Quadratmeter landwirtschaftlichen Bodens bebaut und überbaut wird.[18]

4. Was die Gegner sagen

Woher kommen die Gegner?

Die ökologischen Ideen in der Urproduktion stoßen auf viele Gegner. Ein Grund dafür zeigt sich schon darin, daß diese Ideen eine Alternative darstellen und so die Aussage enthalten: »Es geht auch anders, als es jetzt allgemein gemacht wird.« Als Prof. G. H. M. Gottschewski 1973 gefragt wurde, wo er die Hauptschwierigkeiten für die Durchführung eines biologischen Anbaus sehe, antwortete er: »In der Trägheit der Vertreter der herrschenden Landwirtschaftstheorien, die den Zwang nicht anerkennen, eine entgiftete Umwelt zu schaffen, und die im herkömmlichen Denkschema erstarrt sind.«[19]

Die Landwirte, die konventionell arbeiten, dürften meist aus Konservatismus gegen das Neue und Andersartige sein. Oft glauben sie auch, daß sie keine Abweichung vom Gelernten, Vertrauten riskieren können. Die Vertreter der extrem spezialisierten Betriebe hingegen (»Bahnhofbauern«*, etc.) sind ohnehin dagegen, weil ihre Betriebsweise auf die ökologischen Gesetze im voraus nicht Rücksicht nimmt, diese gar verachtet.

Hinter den Praktikern, die dagegen sind, steht eine Reihe von »interessierten Kreisen«, d. h. solche, die in die bisherige, bedenkliche Entwicklung zur zunehmenden Industrialisierung und Chemisierung des Ernährungssektors geschäftlich oder beruflich investiert haben und diesem Vorgehen ihre etablierten Positionen

* Bahnhofbauern: landläufiger Ausdruck in der Schweiz für Großtierhalter ohne nennenswertes Land (sie beziehen das Tierfutter »vom Bahnhof« statt von der eigenen Wiese oder vom Acker).

verdanken. Dazu gehören: die Agrarchemie, die mit Agrarchemie groß gewordenen Lehrer, Wissenschaftler, Verwalter und Behörden, ferner die großen Zulieferer, wie z.B. Landmaschinenfabrikanten. Ebenso kann man den Großhandel der Lebensmittelbranche und industrielle Lebensmittelverarbeiter mindestens teilweise zu den Gegnern rechnen, diese vor allem wegen der Handelsklassen bei landwirtschaftlichen Produkten, die für verbindlich erklärt und so durchgesetzt werden. (Dabei richten sich diese Handelsklassen nach den Bedürfnissen des Handels, also nicht nach jenen der Ökologie oder der Konsumenten, und bewirken so, weil ein Zwang dahinter steht, eine immer größere Vereinfachung, Standardisierung und Oberflächlichkeit der Qualitätsmerkmale der landwirtschaftlichen Produkte und Arbeitsmethoden.)

Zählt man die Potenz dieser möglichen Gegner, so kann man ermessen, wie groß die Hindernisse auf dem Wege der Durchsetzung ökologischer Forderungen im Landbau sind. Das ist jedoch noch nicht alles: dazu kommt die überall verbreitete Ahnungslosigkeit betreffend ökologische und gesundheitliche Zusammenhänge sowie das den heutigen Menschen kennzeichnende scheinrationale, monokausale und die Wirklichkeit reduzierende Denken (Fachidiotie, Wissenszersplitterung, »Froschperspektive«). Hinzu kommt, daß eine ebenfalls weitverbreitete Lebenseinstellung »nach mir die Sintflut« vorherrscht.

So gesehen stellt sich die Frage, ob man nicht wenigstens die Ärzte und die im Gesundheitswesen Beschäftigten zu den Verbündeten zählen könnte. Die Antwort lautet aber: Nein. Wohl nehmen die Zivilisationskrankheiten zu, und die durchschnittliche Lebenserwartung ist neuerdings rückläufig, die Krankenkosten drohen aus den Fugen zu geraten – alles in allem ein bedenklicher Zustand, der sehr viel mit mangelhafter Ernährung zu tun hat. Aber fast alle Ärzte, medizinischen Forschungsanstalten und Fakultäten, Pharma- und Spitalunternehmen beschäftigen sich nicht mit Vorbeugen, nicht mit dem Bekämpfen der Ursachen, sondern mit der Behandlung der bereits aufgetretenen Krankheiten und deren Symptomen. Und die Vertreter dieser Berufe und dieser Institutionen leben davon oft recht gut, das heißt, diese Arbeit und dieses Wohlergehen beruhen auf der Existenz von Krankheiten... Würden diese nicht auftreten, so würden Schwierigkeiten entstehen, es käme zu Arbeitslosigkeit. Ob man es wahrhaben will oder nicht, es sind viele an der Beibehaltung des heutigen bedenklichen Zustandes interessiert. Nur sehr wenige Menschen bestreiten ihren Lebensunterhalt aus einer Tätigkeit in der Verbreitung einer gesund machenden Lebens- und Ernährungsweise. Seltsamerweise glauben sogar viele Vertreter der Präventivmedizin, sie müßten »mit den Wölfen heulen« und dem alternativen Landbau skeptisch gegenüberstehen.

Äußerungen der Agrarchemie

Vor dem letzten Weltkrieg soll in Deutschland ein Kampfausschuß der IG Farben (ein Chemiekonzern, der nach dem Zweiten Weltkrieg durch ein »Kontrollratsgesetz« entflochten wurde) gegen die biologisch-dynamische Landwirtschaft bestanden haben. So wurde eine umfassende Aufklärungsschrift zusammengestellt und kurz nach dem Flug von Hess nach England den maßgeblichen Parteistellen zugesandt. In dieser Schrift war durch den späteren Betriebsleiter des Limburger Hofes und Fräulein Dr. Schnürlen u. a. nachgewiesen, daß bei der biologisch-dynamischen Landwirtschaft internationale Beziehungen zu Freimaurern und Juden bestünden und man sich auch für eine individuelle Erziehung einsetze.« [20]

Heute wird im Rahmen fast aller landwirtschaftlichen Instanzen behauptet, daß Pestizide, Kunstdünger und die anderen chemischen Mittel für die Urproduktion unentbehrlich geworden seien, wobei die Erfahrungen aus fünfzig Jahren mit biologisch geführten Betrieben nicht beachtet werden. Mit einer solchen »öffentlichen Meinung« kann es sich die Agrarchemie mit ihren Anhängern leisten, die Bekämpfungsmethoden mehr auf die Wiederholung gewinnbringender Behauptungen auszurichten. Dafür steht heute ein Arsenal schönfärberischer und verwirrender Worte zur Verfügung. So z.B. betreibt ein Kunstdünger- und Biozidvertreter in einer schweizerischen Gärtnerzeitschrift »Öffentlichkeitsarbeit« unter dem Titel »Sorgloses Wachstum, gesunde Qualitätsernte«, wobei er mit dem wohlriechenden Pseudonym »Jasmin« unterschreibt. Da werden mittelalterliche und »moderne« Schädlingsbekämpfungsmethoden einander gegenübergestellt, wobei »modern« natürlich »chemisch« heißen soll. »In richtiger Anwendung«, so schreibt Jasmin, »darf man heute die im Handel erhältlichen Pflanzenschutzmittel verwenden.«

Gifte, welche für ganze Kategorien von Lebewesen den chemischen Massentod bedeuten, werden schon durch die einengende Sprachregelung »Pflanzenschutzmittel« verharmlost und moralisch gerechtfertigt. Dadurch wird auch das Wort »Schädling« im allgemeinen Sprachgebrauch zu einer falschen Bezeichnung, die das Gewissen beruhigen soll, wie etwa in Kriegen zwischen Menschen der x-beliebige Mensch, der im anderen Land wohnt, zum »Feind« erklärt wird. Mit seiner Formulierung gibt der Schreiber Jasmin aber immerhin indirekt zu, daß man früher solche chemischen Mittel eigentlich nicht hätte einsetzen dürfen und daß sie auch heute noch nur in »richtiger« Anwendung gebraucht werden sollten. Was heißt aber »richtig«?

Das tönt gut und einlullend; gemeint ist aber natürlich eine Anwendung »nach Gebrauchsanweisung«, also nach einem vorgedruckten Schema, das immer und überall und unter allen Umständen gelten soll (was aber angesichts der vielfältigen Wirklichkeit eine unrealistische Anweisung darstellt) und bekanntlich von den meisten Anwendern wenig beachtet wird.

Jasmin schreibt weiter: »Der in der Giftklasse als frei eingereihte Netzschwefel zur Bekämpfung von Mehltau und Schorf ist weniger gefährlich als Kochsalz, handelsübliche Mittel gegen Pilzkrankheiten sind in der Toxizität vergleichbar mit Haarwasser, Lippenstift oder Geschirrwaschmitteln. Ein Insektizid gegen Blattläuse ist nicht gefährlicher als Kopfschmerz- oder Schlaftabletten sowie ein Wunddesinfektionsmittel.«[21]

Auch wenn unter bestimmten Bedingungen einzelne dieser Angaben stimmen mögen, muß man sich fragen: was bleibt beim Durchschnittsverbraucher von dieser Argumentation hängen? Wahrscheinlich entsteht das Gefühl – oder es wird diesem Vorschub geleistet –, heutzutage könne man sorglos Gift spritzen, denn wer fürchtet sich vor Haarwasser oder Lippenstift? (Wer weiß schon, daß es Hunderte von verbotenen Kosmetika-Bestandteilen gibt?) Und wir sind doch, heißt es oft, alt und mündig genug um zu wissen, daß man Schlaftabletten nicht im Übermaß nehmen muß. Diese lächerlichen Bio-Fanatiker, wer will die schon ernst nehmen…

Dieses Jasmin-Beispiel steht als eines für viele. Man verharmlost, oder erklärt für unentbehrlich, was verkauft werden soll. So heißt es: »(Markenname)-Dünger von heute sind umweltfreundlich«[22], wobei man sich die Frage stellen kann, ob es sich hier nicht um »Ökopornographie« handelt.

Eine der großen deutschen Chemiefirmen findet es angebracht, auf der Titelseite eines von ihrem Namen gezierten Buches mit agrarwissenschaftlichem Inhalt ein riesiges Getreide-Monokulturfeld abzubilden, darüber »Entwicklung des spezialisierten Akkerbaus in Mitteleuropa« zu schreiben und in das Bild hinein die Kurve der raschen Zunahme der Zahl unterernährter Menschen in der Welt zu zeichnen. Die werbliche Suggestion ist klar: die Firma hilft die Agrarproduktion zu steigern, um hungernde Menschen zu ernähren.

Der wirkliche Sachverhalt ist ebenso klar: Mitteleuropa ernährt die Hungernden der Welt nicht. Im Gegenteil, es kauft sogar große Mengen Getreide in Übersee (für Viehfutterzwecke), damit die Konsumenten noch mehr überflüssiges Fleisch essen können. Dabei ist ebenso bekannt, daß Monokulturen mit chemischen Mitteln das große Ökosystem, von dem wir alle abhängen, labiler machen, d.h. gefährden.

Dieser Umstand hindert aber den Chef eines deutschen Chemiegroßunternehmens nicht zu sagen »Der Welthunger wird einen Großeinsatz der Chemie notwendig machen… Die Industrieländer werden gewaltige Summen bereitstellen müssen, um die Landwirtschaft der Dritten Welt zu intensivieren, von der Wasserversorgung über Bodenbearbeitung, Sortenwahl, Düngung, Pflanzenschutz, Erntemethoden bis hin zur sachgemäßen Lagerung, Konservierung und Verteilung. Dieser Kampf gegen den Hunger wird die Weltchemie noch Jahrzehnte in Atem halten.«[23]

Von der chemischen Industrie ist also zu erwarten, daß sie nicht nur alles, was sie jetzt tut, rechtfertigt, sondern auch, daß sie es mit einem Glorienschein umgibt und ihre Philosophie in jene Gegenden der Welt verbreitet, die bisher davon verschont geblieben sind. Sie will die ganze Welt »chemisieren«, Umweltschutz inbegriffen: »Wenn wir unsere Freizeit verbringen, uns weiterbilden und unsere Umwelt schützen – überall wirkt (Firmenname)-Chemie, in jedem Lebensbereich.«[24]

Und ein vor Vertretern der Chemie sprechender »Pflanzenschutz-Professor« sekundiert: »Wenn es dem sogenannten ›biologischen Landbau‹ zu gelingen scheint, auf chemische Mittel zu verzichten, so dürfte dieser Erfolg darauf beruhen, daß ein kleiner, spezieller Verbraucherkreis vorhanden ist, der – aus welchen Gründen auch immer – erhöhtes Interesse an Lebensmitteln hat, die ohne Hilfe chemischer Pflanzenschutzmittel erzeugt wurden, und der dafür auch bereit ist, Preise zu bezahlen, die die höheren Produktionskosten, wie sie vielseitige Betriebsstruktur und hoher AK-Bedarf mit sich bringen, abzudecken vermögen. Auch die weniger übertriebenen Ansprüche solcher Interessenten an die äußere Qualität der Erzeugnisse stellt die Lebensfähigkeit ›biologisch‹ wirtschaftender Betriebe sicher. Die Existenz des biologischen Landbaus bestätigt damit indirekt die (vorher genannten) betriebs- und marktwirtschaftlichen Zwänge, denen die Masse der landwirtschaftlichen Betriebe unterworfen ist. Wenn die Gesamtgesellschaft ähnlich denken würde wie die Verbraucher sogenannter ›biologisch erzeugter‹ Ware und auch alle landwirtschaftlichen Betriebe ein ähnliches Arbeitsethos (keine 40-Stunden-Woche!) aufbrächten wie die des biologischen Landbaus, wenn ferner in Zukunft kein Nahrungsdefizit zu befürchten wäre, so ließe sich tatsächlich auf chemischen Pflanzenschutz weitgehend verzichten.«[25]

Verlautbarungen der Behörden

Weltbekannt geworden ist der Ausspruch des früheren Landwirtschaftsministers der USA, Earl Butz: »Ohne den modernen Aufwand an Chemikalien, Pestiziden, Antibiotika, Herbiziden, könnten wir die Aufgabe einfach nicht bewältigen. Bevor wir in unserem Lande zu einer biologischen Landwirtschaft zurückkehren, muß jemand entscheiden, welche 50 Millionen Amerikaner wir verhungern oder hungern lassen wollen.«[26]

Josef Ertl, Bundesminister für Ernährung, Landwirtschaft und Forsten in der BRD, argumentiert sanfter und verbrämt die Aussage mit ökologischen Wahrheiten: »Auf den Einsatz von ertragssteigernden und ertragssichernden Produktionsmitteln können wir nicht verzichten. Ohne ihre Hilfe könnten weder ausreichende Mengen zur Ernährung der Weltbevölkerung erzeugt werden, noch könnten wir Nahrungsmittel zu Preisen kaufen, die unseren Einkommen angemessen sind. Die Landwirte müssen deshalb auch rationell produzieren. Dadurch wird ihnen gleichzeitig ein ausreichendes Einkommen gesichert. Sicher ist: Die Belastungen des Naturhaushalts haben dadurch zugenommen. Aber dies geschieht nicht unbegrenzt und nicht unkontrolliert.«[27]

Für die schweizerische Regierung gibt es (wie für die meisten Regierungen überhaupt) keinen biologischen Landbau, sondern nur einen »sogenannten ›biologischen Landbau‹« in Anführungszeichen. (Das erinnert an die Redensart der »sogenannten ›DDR‹«, bis diese dann doch anerkannt wurde.) Als 1971 ein Schweizer Parlamentarier eine landwirtschaftliche Forschungsanstalt für biologischen Landbau forderte und ausführlich begründete, daß man den biologischen Landbau, seinem ökologischen Charakter entsprechend, nur als Ganzes erforschen und entwickeln könne, verhallte diese Erkenntnis ungehört und unverstanden im Parlamentssaal.*

Aus der Antwort des für Landwirtschaft zuständigen Bundesrats (Ministers) ging hervor, daß er nur verstanden hatte »weniger Gift«, »mehr qualitatives statt quantitatives Denken« und »mehr biologische Schädlingsbekämpfung«. Mit diesen Teilzielen war er einverstanden. Er sagte u. a.: »Der Umstand, daß einzelne Betriebe heute schon sogenannten biologischen Landbau oder dynamisch-biologischen Landbau betreiben, sagt natürlich über die tatsächlichen Möglichkeiten auf breiter Basis noch gar nichts aus. Es ist ein großer Unterschied, ob nur einzelne Betriebe diese chemische Bekämpfung einstellen oder ob dies auf landes- oder gar weltweiter Ebene geschieht, so daß sich die Schädlinge ungehindert entwickeln können.«[28]

* Gerechterweise muß man festhalten, daß in der Schweiz das Forschungsinstitut für biologischen Landbau, das dieser Parlamentarier anschließend an seinen Mißerfolg im Parlament gegründet hatte, von der Schweizer Regierung moralische sowie eine kleine finanzielle Unterstützung erhielt. Diese bezifferte sich 1976 auf den Betrag von Fr. 80 000, während die landwirtschaftlichen Forschungsausgaben der Schweiz 1976 über Fr. 53 Millionen betrugen.

Dieser Spitzenpolitiker hatte das ökologische Prinzip des Gleichgewichts zwischen Nützlingen und Schädlingen offenbar nicht begriffen. Er lehnte die Forderung des Parlamentariers freundlich, aber dezidiert ab. Ebenfalls dezidiert, aber weniger freundlich, ging es 1971–74 in der Schweiz während der Verhandlungen der Eidgenössischen Ernährungskommission zu. Dabei stand die Frage zur Debatte, ob die Deklarierung der landwirtschaftlichen Erzeugnisse der Müller-Rusch-Betriebe als »biologische Produkte« staatlich anerkannt werden könne. Die Kommissionsmitglieder kamen zu dem Schluß, die Bezeichnung »biologisch« sei im Zusammenhang mit Nahrungsmitteln zu verbieten. Es sei unmöglich, diesen Begriff eindeutig zu definieren. Auch der Begriff »Kunstdünger« sei unbrauchbar für die Abgrenzung. Die staatlich festgelegten Toleranzgrenzen für Rückstände in Nahrungsmitteln gäben den Verbrauchern genügend Schutz, ein noch weitergehender Schutz sei unnötig und für die übrige Landwirtschaft diskriminierend. Der »innere Wert« eines landwirtschaftlichen Produktes sei ein ungelöstes wissenschaftliches Problem. Es seien zudem keine Unterschiede festzustellen zwischen im Handel angebotenen »biologischen« und anderen landwirtschaftlichen Produkten; in diesem Zusammenhang wurde gar das Wort »Betrug« gebraucht.

Dieser politischen Kommission gehörten keine Vertreter oder Fachleute des biologischen Landbaus an. Negative Erscheinungen im biologischen Landbau (die es leider auch gibt) wurden besonders gründlich behandelt, so gründlich, daß für die positiven offenbar kaum Zeit übrig blieb. Die Verbotsempfehlung der Kommission wurde allerdings nicht befolgt, da einigen Politikern klar wurde, daß man logischerweise etwas nicht verbieten kann, was sich nicht definieren läßt! In Frankreich kam es schon früher zu einem Verbot der Bezeichnung »biologisches Produkt«. Das Verbot scheint aber bisher niemandem genützt oder geschadet zu haben.

Forschung im biologischen Landbau wird vom Land Baden-Württemberg betrieben, dessen früherer Landwirtschaftsminister, Dr. Fr. Brünner, dem Vernehmen nach gesagt haben soll, die biologisch-dynamische Landwirtschaft sei eine Volksverdummung.[29] Er und sein Landwirtschaftsdirektor Dr. G. Brugger äußerten sich recht häufig und recht negativ zum biologischen Landbau, manchmal in nicht unpolemischer Art.[30] Prof. G. Reichelt faßte die Aussagen Bruggers wie folgt zusammen:

Kriterien	*amtlicher Landbau*	*biolog. Landbau*
Ertrag	größer	geringer
Qualität	größer	geringer
Sortenwahl	anspruchsvoll	anspruchsvoller
Sonderkulturen	zahlreich	wenig – fehlend
Fruchtwechsel	wenig	vielseitiger
Arbeitsaufwand	geringer	höher
Einsatz chem. Mittel	größer	geringer
Bodenfruchtbarkeit	gut	nicht besser
Preise	niedriger	höher

Eine Umfrage der Internationalen Vereinigung ökologischer Landbau-Bewegungen (bekannter unter der englischen Abkürzung IFOAM) bei den zuständigen Ministerien der Länder der Bundesrepublik hat 1976 ergeben, daß der ökologische Landbau nur in Bayern auf Verständnis von offizieller Seite stößt.

Gegnerisches aus verschiedenen Lagern

Verbraucher-Vereinigungen interessieren sich gelegentlich nicht nur für Niedrigpreise, sondern auch für die Qualität von Nahrungsmitteln. »Biologische Lebensmittel – nicht besser als Normalkost«, war der Titel einer Pseudostudie, die die Stiftung Warentest Berlin 1975 verbreitete. Die Untersuchung war völlig unwissenschaftlich angelegt und interpretiert, fand aber sehr starke Verbreitung in der Presse.[31]

In Arbeiterkreisen zirkulieren gelegentlich schroff ablehnende Äußerungen zum biologischen Landbau, die sich auf die Meinung gründen, die Berücksichtigung gesundheitlicher und ökologischer Erfordernisse bei der Nahrungsproduktion führe notwendigerweise zu höheren Preisen. Dann heißt es etwa: »Bio ist ein Fimmel der Reichen.«

Daß auch Wissenschaftler nur Menschen sind, zu dieser an sich banalen Erkenntnis muß man kommen, wenn man den Gesprächsbericht liest, den eine Zeitschrift 1973 unter dem Titel »Biologischer Landbau im Meinungsstreit« veröffentlichte.[32] Neben zwei führenden Vertretern des biologischen Landbaus (Dr. Schaumann, Bad Vilbel/BRD; Dr. Müller, Großhöchstetten/Schweiz) und einem Fachmann des integrierten Pflanzenschutzes (Dr. Steiner, Stuttgart) nahmen an diesem Gespräch vier bekannte Professoren teil: Gottschewski, Dozent für Immunbiologie/Universität Freiburg; Schuhmann, Biologische Bundesanstalt/Braunschweig; Schuphan, Institut für Pflanzenqualitätsforschung/Geisenheim; Siegel, Institut für landwirtschaftliche Forschung/Speyer. Ferner beteiligten sich zwei Wissenschaftsredakteure vom Fernsehen an der Diskussion. Von den vorgebrachten Einwänden gegen die alternative Landwirtschaft seien hier die wichtigsten angeführt:

- Als biologisch kann man jede Art von Anbau bezeichnen;
- der Unterschied zwischen biologischem und offiziell empfohlenem Anbau ist so klein, daß sich eine besondere Bezeichnung nicht rechtfertigt;
- daß biologisch produzierte Erzeugnisse gesünder seien, ist unbewiesen;
- den biologischen Anbau gibt es nur in der Vorstellung von weltanschaulich orientierten Ideologen, Idealisten und Weltverbesserern sowie verängstigter Verbraucher;
- erst durch die Einführung von Mineraldünger werden die Lebensmittel qualitativ vollwertig;
- es geht nicht ohne Unkrautvertilgungsmittel, und zwar aus arbeitstechnischen Gründen; ebensowenig kann man auf Schädlingsbekämpfungsmittel verzichten, da sonst ein schlagartiger Ertragsrückgang von 25–35 % eintreten würde;
- der biologische Landbau bringt weit geringere Erträge und hat höhere Preise zur Folge;
- in Fällen wie Obstbau, Rebbau, Zuckerrübenbau, bei Getreide- und Kartoffelkrankheiten, versagen biologische Anbaumethoden;
- Komposte bringen mehr als erforderlich Mineralsalze auf den Acker; diese führen zu unnötiger Belastung des Grundwassers;

- um den biologischen Landbau allgemein einzuführen, gibt es zu wenig Stallmist und Kompost;
- der biologische Landbau in seiner kompromißlosen Form kann sich nur dort behaupten, wo höhere Preise erzielt werden und billige Arbeitskräfte zur Verfügung stehen, oder dort, wo Rentabilität nicht gefragt ist.

5. Widerlegung der wichtigsten Einwände

Wie tritt man diesen Behauptungen und Einwänden gegen den alternativen Landbau am besten entgegen? Die Engländer sagen: The proof of the pudding is in the eating. Sinngemäß ins Deutsche übertragen könnte man sagen: Mit Worten läßt sich trefflich streiten, *entscheidend* jedoch ist *der Erfolg in der Praxis*.

Wenn diese Volksweisheit stimmt, muß also gezeigt werden, daß biologisch wirtschaftende Betriebe in vielen Gegenden seit vielen Jahren befriedigend und mit normalen Ergebnissen funktionieren. Dann ist der entscheidende Beweis für die praktische Umsetzung der Alternative erbracht – und dieser kann geleistet werden: Es gibt seit 50 Jahren Betriebe, die biologisch geführt werden und Erfolge aufweisen. Die Verantwortlichen haben schon Tausenden von Leuten alles gezeigt, erklärt und auch viele überzeugt. Es gibt in der Tat nichts Wirksameres als den persönlichen Augenschein, besonders wenn dies über längere Zeit hin geschieht oder öfters wiederholt wird.

Ob das als Beweis genügt? Man sollte es meinen. Gut funktionierende landwirtschaftliche Alternativen lassen sich in der Praxis nachprüfen. Die Adressen können bei den entsprechenden Produzentenvereinigungen erfragt werden.

Ob alle Gegner davon überzeugt werden können? Dies wird gewiß nicht der Fall sein. Hier gilt das Wort von Max Planck, wonach das Neue sich nicht durchsetzt, indem die Vertreter des Alten sich zum Neuen bekennen, sondern indem diese langsam aussterben.

Ob den Ansprüchen skeptischer Zeitgenossen Genüge geleistet werden kann? Auch hier melden sich Zweifel. Gleichwohl wollen wir für diese Anspruchsvollen auf die relevante Fachliteratur und die persönlichen Erkundungen zurückgreifen und die wesentlichsten Argumente darlegen. Dabei bedienen wir uns, in Anlehnung an die Hauptfrage der Wirtschaftswelt, des Begriffs der Rentabilität im weiteren Sinne, das heißt, wir betrachten die Rentabilität der zwei Arten von Landwirtschaft nicht nur betriebswirtschaftlich, sondern auch volks- und weltwirtschaftlich, energetisch, ökologisch und gesundheitlich.

Betriebswirtschaftliche Rentabilität

Bevor wir auf den Begriff des Nettoergebnisses bei betrieblichem Wirtschaften eingehen, wollen wir die in der Landwirtschaft am häufigsten genannten betriebswirtschaftlichen Teilbereiche untersuchen, die das Nettoresultat wesentlich bestimmen. Dies sind

- Kosten (Aufwand),
- Arbeitsproduktivität,
- mengenmäßiger Flächenertrag,
- Gelderlös (Preise).

Dabei sei im voraus festgehalten: *Kein betriebswirtschaftlicher Faktor sollte überbewertet werden.* Dafür gibt es zwei Gründe. Erstens beziehen sich diese Faktoren in der Regel nur auf den Augenblick oder auf ein Jahr, allenfalls noch auf einige wenige Jahre. Das betriebswirtschaftliche Denken ist also ein kurzfristiges. Kurzfristige Erfolge können aber durchaus zu längerfristigen Mißerfolgen führen; mit anderen Worten: der Weg zur landwirtschaftlichen Umweltzerstörung kann durchaus mit hohen Profiten gepflastert sein (Raubbauwirtschaft). Ferner kann der Weg zum finanziellen Ruin marktorientierter Betriebe durchaus mit einer Reihe von Superernten gepflastert sein (Preiszusammenbruch).

Zweitens beziehen sich die betriebswirtschaftlichen Faktoren alle auf bloße Ausschnitte der Wirklichkeit. So werden z. B. in der Kostenrechnung nicht alle Belastungen erfaßt, die der Betrieb Außenstehenden und der Öffentlichkeit vielleicht verursacht, und auch nicht alle positiven Leistungen, die er vielleicht erbringt (vgl. Abschnitt ›Volks- und weltwirtschaftliche Rentabilität‹, S. 66ff.).

Da der nur-betriebswirtschaftlich Handelnde fachbedingte Scheuklappen trägt, ist es erstaunlich, daß gerade *seine* Maßstäbe die populärsten und bestimmendsten für das menschliche Wirtschaftsverhalten sind, insbesondere auch in der modernen Landwirtschaft. Vielleicht ist das aber gar nicht so erstaunlich, sondern nur bezeichnend!

Die teure Chemie oder: der betriebswirtschaftliche Aufwand

Es wird behauptet, die Kosten der biologisch geführten Betriebe seien höher, weil ihr Arbeitsaufwand höher sei, und dies wegen des Verzichts auf die arbeitssparenden Chemikalien, wegen der besonderen Rücksichtnahmen auf Tiere, Pflanzen und Landschaftsteile, wegen der Praxis der Fruchtfolgen und der Mischkultur sowie wegen der Vielseitigkeit der Produktionsstruktur.

Hieb- und stichfeste betriebswirtschaftliche Kostenvergleiche zwischen biologisch und nicht-biologisch geführten Betrieben gibt es nur wenige, und einige davon wurden nicht veröffentlicht. Nach allem, was man weiß, ist es unrichtig, pauschal zu behaupten, die Produktionskosten im biologischen Landbau seien höher. Die umfangreichen CBNS-Studien der Washington-University von St. Louis, Missouri, die seit 1974 vorgenommen werden, zeigen, daß die beweglichen Produktionskosten der biologisch geführten Farmen im Maisgürtel der USA beträchtlich niedriger sind: $ 31 pro Jucharte* (acre) bei den biologisch und $ 50 bei den konventionell geführten Betrieben.[33] Dies war der Fall trotz leicht höherer Aufwendungen für Feldarbeiten auf den biologischen Farmen. In Prozent im Verhältnis zum gesamten Produktionswert ausgedrückt betrugen diese beweglichen Kosten

- 19 % bei den biologischen und
- 27 % bei den konventionellen Farmen.

Da die festen Kosten etwa gleich hoch waren, bedeutet dies, daß die gesamten Kosten der biologisch geführten Betriebe *niedriger* waren. Der Hauptgrund für den Unterschied lag darin: Die Kosten für Kunstdünger und Biozide bei den mit chemischen Mitteln arbeitenden Betrieben waren hoch.

* 1 acre = 40,47 Aren.

Wenn bei zunehmenden Erdölkosten die Preise für Kunstdünger, Biozide und andere Chemikalien weiterhin stark steigen, was im allgemeinen erwartet wird, dann dürfte sich der Kostenvorteil dieser und ähnlicher biologisch geführter Betriebe noch verstärken. Diesen Betrieben droht weniger rasch Gefahr, in die roten Zahlen zu gelangen; ihre Struktur weist eine größere Toleranz gegen Preisschwankungen auf. Dadurch wird bereits die größere Unabhängigkeit biologisch geführter Betriebe von der Außenwelt sichtbar, obschon diese amerikanischen Betriebe ebenso stark mechanisiert sind wie jene ihrer konventionellen Kollegen.

Die 14 konventionell bewirtschafteten Farmen, die untersucht wurden (Durchschnittsgröße: 194 ha), wurden zudem wegen ihres besonders guten Managements zu diesem Vergleich herangezogen, während die 14 biologisch geführten Farmen (Durchschnittsgröße: 173 ha) unter den gewählten Kriterien (vergleichbare Größe, Lage, Produktionsstruktur) offenbar die einzigen waren, die im Maisgürtel in Frage kamen. Dies läßt vermuten, daß konventionell geführte Betriebe mit bloß durchschnittlichem Management noch schlechter abgeschnitten hätten.

Eine Diplomarbeit von Ronnenberg[34] über ökonomische Aspekte der deutschen biologisch-dynamischen Wirtschaftsweise brachte 1973 leider keine konkreten Kostenvergleiche, kommt aber aufgrund der dürftigen verfügbaren Daten zu dem Schluß, daß der Arbeitsaufwand bei diesen Betrieben etwas höher, der Sachaufwand geringer ist als in der konventionellen Landwirtschaft. Dies deckt sich in etwa mit der oben zitierten CBNS-Studie und mit anderen Arbeiten und Erfahrungen einzelner biologischer Betriebe.

Eine noch nicht genannte Kostenart, die in der biologischen Landwirtschaft fast durchweg als niedriger bezeichnet wird, ist der Aufwand für Arzneikosten der Nutztiere infolge besserer Gesundheit.[35]

Nach all dem Gesagten hat der biologische Landbau wohl eine *andere Kostenstruktur, aber eher geringere Gesamt-Produktionskosten* als der konventionelle. Der Verzicht auf Chemikalien, die bessere Nutzung der betriebseigenen Möglichkeiten und die Beschränkung der Zukäufe allgemein sind die Hauptgründe für diesen betriebswirtschaftlichen Vorteil.

»Mit einem modernen Fütterungssystem kann ein einziger Mann 60000–75000 Masthühner besorgen. In einem modernen Mastviehbetrieb genügt heute ein einziger Mann für 5000 Mastrinder. Ein Mann plus eine vollmechanisierte Anlage kann einen Milchviehbetrieb mit 50–60 Kühen betreiben. Kurz, die Landwirtschaft produziert Nahrung auf erstaunlich effiziente Art und Weise«, meinte der frühere USA-Landwirtschaftsminister Clifford Hardin.[36]

Was hat die ökologisch orientierte Landwirtschaft gegenüber diesem Hohelied der Arbeitsproduktivität zu bieten, hält sie Schritt?

Die Antwort darauf gibt die Entwicklung: *teils ja, teils nein.* Ja insofern, als auch die ökologisch orientierte Landwirtschaft im Verlauf der vergangenen fünfzig Jahre Menschen und Tiere durch Maschinen und neueres Gerät ersetzte, was wohl ein Hauptfaktor für die Erhöhung der Arbeitsproduktivität war. Ferner hat sie durch weniger aufwendige Bodenbearbeitungsmethoden, durch Einführung ertragreicherer Sorten, durch sorgfältige Wahrnehmung der Standortvorteile usw. die Arbeitsproduktivität erhöht. Allerdings ist sie in der kritiklosen Übernahme dieses Erfolgsmaßstabes weniger weit gegangen als die öffentlich geförderte Landwirtschaft.

Die Vertreter dieser Landwirtschaft erkannten, daß die »Spitzenbetriebe« dieser Art notwendigerweise einseitig spezialisierte, industrie- und erdölabhängige, Tiere, Pflanzen und die Landschaft vergewaltigende und Menschen vom Lande vertreibende Intensivbetriebe sein müssen, was wiederum bedeutet, daß man die oben gestellte Frage teilweise auch mit Nein beantworten muß. Vielen Befürwortern des ökologischen Landbaus haben die Bio-Betriebe bereits zu viele Konzessionen an den Ersatz von Arbeitskraft durch Kapital gemacht. Aus der Sicht der armen Agrarländer (vgl. Abschnitt ›Wer verursacht den Welthunger?‹ S. 72ff.) trifft dies zu. Unter dem Druck der Bedingungen in den Industrieländern war aber ein teilweises Sich-Anpassen an die allgemeine Entwicklung schwer zu vermeiden.

Auch außerhalb der Bio-Landwirtschaft, z.B. in der Landwirtschaftsorganisation der Vereinten Nationen, der FAO in Rom, mehren sich die Stimmen, die vor einer zu großen »Intensivierung« (Produktivitätserhöhung) in der Landwirtschaft warnen. Für den in der Industrie und im Dienstleistungssektor Beschäftigten mag dies zunächst nicht ohne weiteres verständlich sein, denn in seinem Bereich gilt dieser betriebswirtschaftliche Erfolgsmaßstab immer noch fast uneingeschränkt; es sei denn, daß etwa in Zeiten der Rezession weniger Arbeit auf gleichviel Leute verteilt werden muß (Kurzarbeit) und Rationalisierungs-Investitionen infolge schrumpfenden Umsatzes unterlassen werden müssen.

Hier zeigt sich eben ein wesentlicher Unterschied zwischen industrieller Produktion und Urproduktion: erstere produziert mit »toter« Materie, letztere manipuliert Lebewesen so, daß sie wachsen und sich vermehren. Es ist klar, daß »totes« Material sich viel leichter und tiefgreifender umformen, verarbeiten, verändern läßt als lebendes. Deshalb stoßen hohe Energie- und Kapitaleinsätze in der Landwirtschaft viel schneller an die Grenzen des Sinnvollen als in der Industrie. Zudem beginnt die »Qualität« (Gesundheit, physiologische Zusammensetzung) des »lebenden Materials« schon lange vor dem Erreichen der äußersten Grenzen zu leiden (von ethischen Fragen wie Tierquälerei einmal abgesehen).

Die biologisch geführte Landwirtschaft, die sich besonders für die Einhaltung der biologischen Gesetze einsetzt, kann also die Arbeitsproduktivität *nicht zum beherrschenden Maßstab* werden lassen, sofern sie mit sich selbst identisch bleiben und langfristig ihre Produktionsgrundlage nicht verlieren will. Sie kann hier aus langfristigen, ökologischen Gründen nur bis zu einer bestimmten Grenze mitziehen (vgl. auch Abschnitt ›Energetische Rentabilität‹, S. 77ff.).

Flächenerträge mit und ohne Wasser

Wenn von landwirtschaftlicher Effizienz, Produktivität oder Intensität die Rede ist, wird oft nicht zwischen Ertrag *pro Arbeitskraft* und Ertrag *pro Hektar* unterschieden. Oft interessiert nur, daß man mit imposanten Zahlen aufwarten kann. Die Beachtung dieses Unterschiedes ist aber wichtig: eine hohe Arbeitsproduktivität im Landbau ist im wesentlichen ein Mittel, die Bevölkerung durch Kapital und Fremdenergie zu ersetzen und so folglich vom Lande zu vertreiben. Eine hohe Flächenproduktivität hingegen sagt darüber etwas aus, welche Produktionsmenge und damit auch welchen Umsatz ein Bauer aus seinem Boden herausholen kann (betriebswirtschaftlicher Aspekt) und wieviel Nahrung für die Menschheit mengenmäßig zur Verfügung steht (volks- und weltwirtschaftlicher Aspekt). In diesem Zusammenhang sei aber zunächst nur von der betriebswirtschaftlichen Seite die Rede.

Unabhängig von der biologischen oder nicht-biologischen Bewirtschaftung muß man festhalten, daß die Flächenproduktivität dort höher zu sein scheint, wo die Arbeitsproduktivität niedrig ist, und umgekehrt. Im Bericht der FAO hieß es (1972): »Es gibt mehr als genug Beweise für die größere Arbeitsintensität *auf den kleineren Bauerngütern und für ihre größere Produktivität pro Hektar*.«[37]

Es ist z. B. bekannt, daß in der *UdSSR* geringe Flächen privatwirtschaftlich bebauten Bodens einen unverhältnismäßig großen Anteil an der Versorgung des Landes mit Lebensmitteln haben, etwa in der Größenordnung 28 % der landwirtschaftlichen Erzeugung auf 1,5 % des Kulturlandes.[38] Dabei weisen die riesigen Kolchosen und Sowchosen im Vergleich schwache Flächenerträge auf, obschon nur diese vom Staat und von der Partei gefördert werden. »Was würden die Sowjets ohne die Schrebergärten essen?« fragte eine Tageszeitung mit Recht.[39] Die Kleinproduzenten *Ungarns,* die nur 8,9 % der landwirtschaftlichen Nutzfläche bewirtschaften, liefern mit ihrer nebenerwerblichen Tätigkeit ein Drittel der gesamten Nahrungsmittelproduktion des Landes.[40] *Japanische und andere* fernöstliche Kleinbauern sind bekannt für ihre unglaublich sorgfältig gepflegten Grundstücke und hohen Flächenerträge, und dies seit Jahrhunderten, ohne Verwendung von Kunstdüngern oder Bioziden. Sie arbeiten mit Kompost und nach uralten »Anbautricks«.

Auch in *Mitteleuropa* ist es jedem erfahrenen Gärtner geläufig, daß angepaßte, intensive und liebevolle Pflege von Hand die höchste Flächenproduktivität erbringt. Bei einer solchen einfühlenden Pflege der Pflanzen, der Nutztiere und des Bodens wird von selbst wenig oder gar kein Gewicht auf Chemikalien gelegt, weil die

Pflege sonst nicht einfühlend wäre. Ob einige wenige Chemikalien ausnahmsweise verwendet werden oder nicht, erweist sich dann als zweitrangiges Problem. Der deutsch-englische Nationalökonom E. F. Schumacher spricht von einem besonderen Produktivitätsfaktor und gibt ihm den Namen »TLC-factor« (tender loving care = zarte, liebevolle Pflege). Er erwähnt als einen Hauptgrund dafür, daß alles Übergroße, Massenhafte, Anonyme meistens weniger gut gedeiht; denn es überfordere die Zuwendungsfähigkeit, also die Möglichkeit der liebevollen Betreuung durch den Menschen.

Dieses Prinzip wirkt sich auch auf die Qualität der Produktion aus, also nicht nur auf die Quantität, die uns hier primär interessiert. Mit diesem TLC-Faktor sind im Einzelfall alle jene Maßnahmen gemeint, die zu einem guten Landbau und Gartenbau gehören. Das Besondere daran ist offenbar, daß jene durch den TLC-Faktor zu einem besonders wirksamen Bündel vereinigt werden, das in kein Schema paßt, sondern in jedem individuellen Fall anders, d.h. den lokalen Bedingungen genau angepaßt ist.

Wenn die chemisch-ökonomische Landwirtschaft sich also rühmt, wie stark sie die Flächenerträge im Verlaufe der letzten Jahrzehnte gesteigert habe, z.B. in den USA von 40 Scheffel (bushels*) Mais pro Jucharte 1950 auf ca. 90 im Jahre 1971[41], so darf man daraus nicht den Schluß ziehen, wie es so häufig geschieht, daß nur die Vertreter dieser Landwirtschaft fähig seien, hohe Erträge zu erzielen. Noch weniger ist es zulässig, diese Steigerungen den Mineraldüngern oder anderen Chemikalien zuzuschreiben, bloß weil deren Verbrauch im gleichen Zeitraum rasant gestiegen ist.[42]

M. J. Perelman wies nach, daß die steigenden Maiserträge in den USA zum Teil dadurch zustande kamen, daß in Gebieten mit schlechteren Anbaubedingungen oder überbeanspruchten Böden der Maisbau aufgegeben und daß neue Sorten verwendet wurden. Am Rande sei noch festgehalten: die neuen Sorten brachten höhere Gewichtserträge, wiesen aber einen beträchtlich geringeren Eiweißgehalt auf, den man aber durch Zugabe von peruanischem Fischmehl bei der Futterabgabe für das Vieh ausglich. Die stark

* 1 bushel = 36,36 Liter.

steigende Kunstdüngerzufuhr führte überdies zu verstärkter Bodenverarmung.[43]

Wenn die Behauptung richtig wäre, daß nur die steigenden Kunstdünger- und Biozidgaben zu höheren Flächenerträgen führten, dann müßte die biologische Landwirtschaft bei den Erträgen von 1930 oder noch früher stehengeblieben sein, denn sie verwendet ja diese so überaus modernen Hilfsmittel in der Regel nicht. Man stellt aber in der Praxis fest, daß *die Erträge aus biologischem Anbau im gleichen Zeitraum* (und ohne staatliche Hilfe!) *ähnlich stark gestiegen sind.* Mancher Bio-Bauer kann heute sogar höhere Erträge als sein konventionell arbeitender Nachbar aufweisen.

Direkte Ertragsvergleiche unter vergleichbaren Bedingungen zwischen konventioneller und biologischer Landbauweise sind leider erst wenige gemacht worden und noch weniger publiziert worden. Die weiter oben zitierte CBNS-Studie der Washington University in St. Louis, USA, kam in den zwei Jahren 1974 und 1975 zu Ergebnissen, die wir in Tabelle 4 zusammenfassen.[44]

Tabelle 4:
Ertragsvergleich zwischen biologisch und konventionell geführten Bauernhöfen

Die biologisch geführten Betriebe erzielten im Vergleich zu den konventionell geführten folgende *Flächenerträge:*
(gemessen in Scheffel pro Jucharte; bei Heu in USA-Tonnen pro Jucharte)

Frucht	1974 (schlechtes Wetter)	1975 (rel. gutes Wetter)
Mais	gleich viel	deutlich weniger
Soja	leicht mehr	leicht weniger
Weizen	gleich viel	deutlich weniger
Hafer	etwas weniger	etwa gleich viel
Heu	viel mehr	mehr

Ein statistisch in geringer Abweichung anders zusammengestellter Vergleich derselben Erträge kam zu folgendem Ergebnis:

- Sojabohnen: Die Erträge liegen bei biologisch geführten Betrieben deutlich höher in beiden Jahren
- Mais und Weizen im Jahre 1975: Die Erträge liegen bei biologisch geführten Betrieben viel niedriger
- Übrige Produkte in beiden Jahren sowie Mais und Weizen im Jahre 1974: etwa gleiche Erträge.

Cadiou und andere Autoren[45] schrieben 1975 bei der vergleichenden Zusammenfassung verschiedener Zahlen in *Frankreich:* »Obschon diese Resultate nur Bruchstücke sind, scheinen sie jene oft geäußerte Meinung nicht zu bestätigen, daß der biologische Anbau zu einer bedeutenden Verminderung der Erträge führt. Allgemein sind bei vergleichbarem Produktionssystem die Getreideerträge gleich groß oder kaum geringer als in der konventionellen Landwirtschaft, außer bei Mais...« (bei Mais scheinen sie niedriger zu sein).

Bei den französischen Milcherträgen (kg/Jahr) »... sind die Resultate der biologischen Landwirtschaft... sogar gleich groß wie jene der ›guten‹ Betriebe...«

Eine *schweizerische* Studie schreibt 1973 von eindrucksvollen Milcherträgen biologisch geführter Betriebe.[46] Ähnliches berichtet Ph. Matile, der darauf hinweist, daß die Milchkühe auf biologisch bewirtschafteten Höfen länger leben und die Milcherträge pro Kuhleben höher sind.[47]

Eine *holländische* landwirtschaftliche Regierungskommission stellte in einem Zwischenbericht 1973 fest, »Alternative Landwirtschaftsbetriebe können durch Zukauf von organischen Düngemitteln Hektarerträge erzielen, die mit dem konventionellen Landbau vergleichbar sind. Ausnahmen: Milchviehhaltung, Kartoffelbau und Gemüsebetriebe mit besonderem Absatzsystem oder mit Gründüngung anstelle von Verkaufsprodukten.«[48]

Ronnenberg berichtet in seiner Diplomarbeit 1973 über *deutsche* biologisch-dynamische Erträge: »Als Resümee können wir festhalten, daß in der biol.-dynam. Landwirtschaft der Ertrag nur etwas niedriger ist als in der allgemeinen Landwirtschaft (Kartoffeln bilden auf einigen Betrieben eine Ausnahme).«

Ein vergleichender Sechsjahresversuch in *Schweden* (Landwirtschaftliche Hochschule, Uppsala) erbrachte eine ca. sechs Prozent geringere Ernte der biodynamisch arbeitenden Produzenten, aber durchgehend höhere Nahrungsqualität.[49] Prof. Schuphan[50] verglich in einem 12jährigen Parzellenversuch Gemüse- und Futterpflanzenerträge und deren wertgebende Inhaltsstoffe bei verschiedener Düngungsweise (nicht in landwirtschaftlichem Maßstab, deshalb beschränkter Aussagewert). Wurde in der Einheit von *kg-Frischgewicht* gemessen, so waren die Gesamterträge am höchsten bei kombinierter Düngung mit Stallmist und Mineraldünger (NPK), am zweithöchsten bei reiner NPK-Düngung, am dritthöchsten bei Düngung mit biodynamischem Kompost und am niedrigsten bei Mistdüngung. Eine Ausnahme bildeten die Kartoffelerträge; diese waren bei Kompostdüngung am höchsten.

Das Bild änderte sich schlagartig, wenn das Gewicht in *Trockensubstanz* gemessen, d.h. wenn der Wassergehalt abgezogen wurde: So schnitt die organische Düngung mit weitaus besseren Resultaten ab. Mit Kompostdüngung glichen sich der Minderertrag in Frischgewicht und der Mehrertrag in Trockensubstanz pro Flächeneinheit ungefähr aus! (Ein Hinweis in dieser Richtung ist übrigens bei Ronnenberg zu finden.)

Diese Tatsachen machen eine neue Problemstellung bei der Frage nach den Flächenerträgen notwendig. Es ist zu unterscheiden: *Sind Erträge mit erhöhtem oder normalem Wassergehalt gemeint?* Wenn biologisch geführte Betriebe im allgemeinen bei Frischgewicht-Vergleichen ungefähr ein normales Ertragsbild zeigen, dann drängt sich der Verdacht auf, daß den ahnungslosen Konsumenten von seiten der Kunstdünger-Verwender mit jedem Kilogramm Gemüse und Früchten schlicht und einfach *mehr Wasser* verkauft wird!

Bioprodukte nur für die Reichen?

In den westlichen Industrieländern mit hohem Lebensstandard machen die Ausgaben für das Essen im Durchschnitt nur etwa 12–20 % des Haushaltsbudgets aus. Folglich spielen leicht höhere oder niedrigere Nahrungsmittelpreise insgesamt gesehen nur eine geringe Rolle. Trotzdem gibt es sehr viele Haushalte, die nicht im statistischen Schnitt liegen und in denen man erbittert feststellen könnte, daß die *Preise von Bio-Produkten manchmal hoch sind,* z.B. in Reform- und Diätgeschäften. Es werden zwar auch Bioprodukte zu Normalpreisen verkauft, ja sogar solche, die weniger kosten als die üblichen Nahrungsmittel, aber im Bewußtsein des allgemeinen Publikums wird »Bio« mit »höheren Preisen« gleichgesetzt.

Es ergibt sich von selbst, daß höhere Verbraucherpreise der Popularisierung biologisch gezogener Nahrung und damit der rascheren Ausdehnung biologischer Anbauweisen im Wege stehen. Nun läßt sich aber nachweisen, daß die Gesamt-Produktionskosten in ökologisch orientierten Betrieben insgesamt eher niedriger sind und die Flächenerträge (einschließlich Wassergehalt) etwa gleich groß oder nur leicht niedriger. Das sollte eigentlich zu Preisen führen, die ohne weiteres *unter* jenen der konventionellen Lebensmittel liegen könnten. *Warum* aber kommt es öfters zu höheren Verbraucherpreisen?

Ein Grund dafür liegt in den *hohen Absatzkosten* bei gewissen Vertriebsformen. Meistens handelt es sich um relativ geringe Frischwarenmengen, die von relativ kleinen Läden auf zerstreut liegenden Höfen eingekauft und zusammen mit anderen Produkten angeboten werden. Wegen der kleineren Größenordnung, in der sich diese Operation abspielt, kommt es vor, daß manchmal unzureichend oder zu lange gelagert wird. Die Erfahrungsregeln »großer Einkauf = große Ersparnis« und »großer Umsatz = kleine Gewinnspanne« lassen sich nicht in die Praxis umsetzen.

Ein anderer Grund zeigt sich in der fast überall festzustellenden *Übernachfrage* nach biologisch gezogenen Frischprodukten. Sie ist vorhanden, obschon Behörden und andere Institutionen vieles tun, um den Verbraucher zu verunsichern. Dieser Umstand veranlaßt geschäftstüchtige Produzenten sehr leicht die Preise schon auf dem Hof zu erhöhen. Geht die Ware zusätzlich noch durch mehrere Hände, ergeben sich am Schluß teure Verbraucherpreise von selbst. Die entsprechenden Verdienstmöglichkeiten ziehen zweifellos auch unerwünschte Geschäftemacher an. Es ist aber möglich, daß mit der steten Zunahme der biologisch erzeugten Produktion dieser Nachfrageüberhang verschwinden wird, so daß sich ein Gleichgewicht einpendeln wird.

Bei industriell weiterverarbeiteten Bio-Produkten (Säften usw.) scheint kein Nachfrageüberhang zu bestehen. Man kann beobachten, daß solche Weiterverarbeiter ebenso unaufhörlich und kommerziell werben wie ihre Konkurrenten, die konventionelle Produkte herstellen. Dies dürfte zwei Gründe haben: Einmal ist es leichter, sich größere Mengen zweitklassiger Rohware zu beschaffen und mit den sehr lagerungsfähigen Produkten aus der Weiterverarbeitung ein übliches industrielles Marketing aufzuziehen. Zum zweiten ist es vielleicht gerade in den Kreisen der Bio-

Verbraucher bekannt, daß der volle, ernährungsphysiologische Wert der Bioerzeugnisse eher in den Frischprodukten zu suchen ist. Trotzdem läßt sich aber feststellen, daß die Fabrikanten von weiterverarbeiteten Bioerzeugnissen ihre Marktposition mit Produkten, die keineswegs billig sind, halten.

Die Überzeugung vieler biologisch arbeitender Produzenten, ihre Erzeugnisse hätten eine *bessere innere Qualität,* führt zur Meinung, daß genau wie bei einem besseren Industrieerzeugnis ein höherer Preis gerechtfertigt sei. Der geringe Wassergehalt ist z.B. in der Tat ein Qualitätsmerkmal. Sucht nun der Verbraucher allein oder im Auftrag einer Verbrauchergruppe den biologischen Hof auf, um sich dort mit frischer Ware einzudecken (was recht häufig vorkommt), dann zahlt er eventuell gleichviel oder sogar weniger als im Laden! Der Bauer hat einen höheren Erlös (Einzelhandelspreis!), muß dafür Zeit für Kundenempfang opfern (meist tut das die Bäuerin); der Verbraucher hat eine gewisse Kontrolle über die Herkunft und den Frischezustand und ist dafür gewillt, die Transportkosten ab Hof zu tragen und einen längeren Einkaufsweg auf sich zu nehmen. Dieser direkte Kontakt zwischen Erzeuger und Verbraucher ist eine *alternative Absatzform,* die im konventionellen Landbau kaum existieren dürfte und die gewichtige Vorteile für beide Seiten hat. Sie geht noch einen Schritt weiter als die Verkaufsform des direkten Angebotes auf dem Marktplatz, das ebenfalls geeignet ist, den Zwischenhandel weitgehend auszuschalten.

Diese Überlegungen und Tatsachen zeigen, daß man aus höheren Endpreisen nicht auf höhere Produktionskosten schließen darf und daß *höhere Verbraucherpreise kein Strukturelement des biologischen Landbaus sind.* Im allgemeinen Nahrungsmittelsektor machen die Produktionskosten sowieso nur den kleineren Teil der Endpreise aus; Vermarktung und Weiterverarbeitung sind weitaus teurer als jede Art von Urproduktion.

Manchmal ist die Vermutung, daß Bioproduzenten *höhere Erlöse* erzielen, nicht zu widerlegen. Deswegen sollte man aber jene tapferen Bioproduzenten nicht vergessen, die es sich vorgenommen haben, gesunde Ware zu normalen Verbraucherpreisen zu verkaufen. Es gibt sie, und sie können auch davon leben.

Schematisch gesehen, mehr in der durchschnittlichen Tendenz richtig als im konkreten Fall, und zugegebenermaßen aufgrund mangelhafter Unterlagen, sieht die betriebswirtschaftliche Situation der ökologisch orientierten Produzenten etwa so aus:

betriebswirtschaftliche Größe	*biologisch*	*konventionell*
Arbeitsaufwand	höher	niedriger
gesamter Betriebsaufwand	niedriger	höher
fixe Kosten	gleich – niedriger	gleich – höher
Gesamtaufwand	niedriger	höher
Milcherträge	gleich – höher	gleich – niedriger
Flächenerträge in Frischgew.	gleich – niedriger	gleich – höher
Flächenertr. in Trockensub.	höher	niedriger
Gesamterlöse	höher	niedriger
Gewinn (Gesamterlöse minus Gesamtaufwand)	höher	niedriger

Zusammengefaßt läßt sich sagen: Mancher biologisch arbeitende Bauer lacht sich ins Fäustchen, wenn die Herren an den Landwirtschaftsfakultäten und in den Agrarbürokratien an der »umstrittenen Rentabilität« des »sogenannten biologischen Landbaus« herumrätseln!

Es ist nicht verwunderlich, wenn die Bio-Bauern, gewitzigt durch die geringschätzige Behandlung durch offizielle Stellen und konventionelle Nachbarn, noch weniger gern als andere Bauern Auskunft geben über ihre betriebswirtschaftlichen Zahlen, falls sie welche besitzen. In der Schweiz, wo die durchschnittliche landwirtschaftliche Betriebsgröße aller Arten bei etwa 10 bis 12 Hektar liegt, ist ein mühsamer Anfang zur offiziellen Erfassung einiger Dutzend Bio-Betriebe mit Buchhaltungen zustande gekommen (Forschungsanstalt Tänikon und Forschungsinstitut Oberwil). Signifikante Ergebnisse liegen noch nicht vor; es zeigen sich aber *sehr große Unterschiede zwischen den einzelnen Biobetrieben.* Betrieben mit hervorragenden Resultaten in jeder Beziehung stehen solche mit kümmerlichen Ergebnissen gegenüber. Unter diesen Umständen stellt sich die Frage, was ein Durchschnitt einer

Gruppe überhaupt noch bedeuten kann. Diese weite Streuung der Ergebnisse beobachtet man auch im konventionellen Landbau. Sicher darf man daraus den Schluß ziehen, daß in bezug auf betriebswirtschaftliche Zahlen *die Tüchtigkeit des Betriebsleiters und örtliche Sonderbedingungen eine weitaus größere Rolle spielen als die Tatsache, daß ein Betrieb biologisch oder nicht biologisch arbeitet.*

Damit wiederholen wir die am Anfang unserer betriebswirtschaftlichen Betrachtungen ausgesprochene Warnung: rein betriebswirtschaftliche Faktoren sollten nicht überbewertet werden, wenn die Frage untersucht wird, ob ökologisch orientierte Betriebe sich rentieren und ob sie eine praktikable Alternative aufzeigen. Stellt man die Frage gleichwohl, dann lautet die Antwort: ökologisch orientierte Landwirtschaftsbetriebe können auch ökonomisch interessant sein, unter Umständen sogar sehr gut rentieren, und das über Jahrzehnte. Deshalb stellen sie eine Alternative dar, auch unter den Bedingungen unserer heutigen Wirtschafts- und Agrarordnung. Höhere Preise für biologisch gezogene Produkte kommen vor, sind aber keine Voraussetzung, da die Gesamtkosten eher niedriger sind.

Volks- und weltwirtschaftliche Rentabilität

Die gefälschte Buchhaltung

Die nur betriebswirtschaftliche Perspektive hat sich seit jeher dadurch ausgezeichnet, daß durch sie möglichst viele *selbst verursachte Kosten* auf außerbetriebliche Träger abgewälzt und möglichst viele Erträge – auch unverdiente – dem Betrieb gutgeschrieben werden. Dieses »Prinzip« kennt jeder Manager. Der Hauptleidtragende bei diesen abgewälzten Kosten und gleichzeitig der unfreiwillige Hauptvermittler der unverdienten betriebswirtschaftlichen Erträge war und ist die Allgemeinheit, »das Volk«. Vielleicht ist betriebswirtschaftliches Denken darum so populär, weil man damit völlig legal Raubzüge auf das Volksvermögen unternehmen kann.

Beispiele:

Der »Bahnhofbauer«, der die faulenden Exkremente aus seinem Intensiv-Schweinemaststall auch nur teilweise ins nächste Grund- oder Oberflächengewässer und die betreffenden Aromastoffe in die Luft entläßt, belastet das Volksvermögen und verschafft sich für sein verstecktes Ertragskonto »Kostenersparnisse zu Lasten der Allgemeinheit« einen Vorteil.

Der »Tiermaschinenhalter«, der seine Batteriehennen mit Fischmehl aus den Küstengewässern von Peru oder Marokko füttert, entnimmt dem Volksvermögen jener an Eiweißmangel leidenden Länder *unterbewertete* Vermögenswerte, verursacht gleichzeitig *unnötige* Energiekosten durch lange Transportwege, steigert damit seine Eierproduktion und bereichert sich dadurch. In der Volkswirtschaftslehre gebraucht man für solche Belastungen, die von der Allgemeinheit getragen werden müssen, den Begriff »externe Kosten« oder *»externe volkswirtschaftliche Kosten«.**

Das Gegenstück zu den externen Kosten sind die *externen volkswirtschaftlichen Erträge,* d.h. Leistungen, die ein Betrieb erbringt, die aber der Allgemeinheit zugute kommen, ohne in der Betriebsbuchhaltung zu erscheinen, wie etwa die Aufrechterhaltung einer unrentablen Betriebsstrecke der Eisenbahn oder die Pflege freilebender Tier- und Pflanzenarten und ihrer Biotope durch einen ökologisch orientierten Landwirt oder die Anreicherung des Humusgehalts im Boden. Kosten und Erträge können so zusammengefaßt werden als »Effekte«.

Stellt man sich auf den Standpunkt, rentabel sei, was der Allgemeinheit nütze, so müssen diese externen Effekte in die Rechnung mit einbezogen werden. In bezug auf die Fragestellung: »Konventionelle oder alternative Landwirtschaft?« siehe Tabelle 5 (S. 68).

Die Nationalökonomen wußten zu allen Zeiten von den externen volkswirtschaftlichen Effekten, obschon sie sich nie einig waren, was genau darunter zu verstehen sei. Die Vernachlässigung externer Kosten durch die Regierenden war der Anlaß dafür, daß schon früh Systemkritiker wie de Sismondi, Marx, Engels u.a. auftraten. Damals standen die sozialen Folgen der industriellen Revolution

* Siehe K. William Kapp, »Soziale Kosten der Marktwirtschaft«, fischer alternativ, Band 4019, Fischer Taschenbuch Verlag, Frankfurt 1979.

Tabelle 5:
Welche Landwirtschaft ist volkswirtschaftlich rentabel?

	Rechnungsfaktoren	chem.-industrialis. Landwirtschaft	biologische Landwirtschaft
intern	betriebl. Gesamterlös – betriebl. Gesamtkosten	DM ? DM ?	DM ? DM ?
	= betriebl. Gewinn/Verlust	DM ?	DM ?
extern	– verursachte ext. Kosten und Bereicherung aus dem Volksvermögen	DM/phys. Einheit ?	DM/phys. Einheit ?
	+ erbrachte Leistungen zugunsten d. Volksvermögens	DM/phys. Einheit ?	DM/phys. Einheit ?
volkswirtschaftl. Rent.	= Gewinn oder Verlust für die Volkswirtschaft	DM/phys. Einheit ?	DM/phys. Einheit ?

im Vordergrund, was zur Schaffung des heute noch auch im Deutschen gebräuchlichen Fachausdrucks »social costs« führte.[51] Heute, nachdem viele soziale Postulate in den Industriestaaten verwirklicht worden sind, sind es die ökologischen Folgen des betriebswirtschaftlich-technischen Denkens, die bei uns im Mittelpunkt der Diskussion über externe Effekte stehen.[52]

Es wird auch ohne Rechenexempel klar, daß die »*Internalisierung*« externer Effekte, also die Rückbelastung bzw. Kreditierung der Verursacher, wie sie schematisch in der obigen Tabelle dargestellt wird, *die heile Welt des stets kurzfristig denkenden Betriebswirts total in Frage stellt.* Plötzlich soll nun unrentabel und nicht mehr sinnvoll sein, was vorher profitabel und erstrebenswert war. Bezieht man auch nur einen Teil der externen Effekte mit ein, ist man gezwungen, sich zu fragen, ob man bisher Bilanzfälschung im großen Stil getrieben habe. »... nicht zuletzt läuft in unserer Wirtschaft in Sachen Umweltschutz manches schief, weil diese Rechnungen schief sind. Man muß eingestehen, daß die Marktwirtschaft hier versagt, weil in den Kosten und Erträgen, die via Preise zustande kommen, nur die internen, nicht aber auch die externen Größen enthalten sind. Insbesondere bleiben die *künftigen* Schäden als Folge gegenwärtiger Handlungen unberücksichtigt.«[53]

Da solche Erkenntnisse das goldene Kalb auf seinem Podest gefährden könnten, haben die Politiker dem in diesem Zusammenhang vieldiskutierten *Verursacherprinzip* (»Verschmutzer zahlt«) lediglich eine beschränkte und eher dekorative Rolle zugebilligt. Obschon es unbestritten ist, daß langfristig gesehen Vorbeugen (Internalisieren) billiger zu stehen kommt als Heilen (nachträglich Schäden beheben), werden die schiefen Rechnungen weiterhin aufgestellt und geglaubt. Warum? Offenbar deshalb, weil die meisten Menschen Kurzfristdenker sind.

Den Kurzfrist-Buchhaltern und -politikern kamen in der Not der wachsenden Umweltverschmutzung zwei Umstände zu Hilfe, die auch uns daran hinderten, die obige Tabelle mit Zahlen auszufüllen: Erstens der Mangel an soliden Zahlen infolge größter Schwierigkeiten bei der Bewertung der externen Effekte, und zweitens die Beschränktheit des gewohnten Wertmaßstabes »Geld«.

Zur *Bewertungsschwierigkeit:* Wie mißt man (mit irgendeinem Maßstab) z.B. die Verminderung des Erholungswertes einer Landschaft infolge agrarindustrieller Praktiken oder die Erhöhung des langfristigen Krankheitsrisikos infolge des jahrzehntelangen Verzehrs chemikalienbeladener Agrarerzeugnisse? Wie kann man überhaupt etwas quantifizieren, das man weitgehend als etwas Qualitatives empfindet?

Quantifizierungen derartiger externer Effekte wurden auf anderen Gebieten bereits versucht, z.B. auf dem Gebiet des Verkehrs.[54] Arbeiten dieser Art in der Landwirtschaft sind uns nicht bekannt, mit Ausnahme von Teilberechnungen des Phosphateintrags der Landwirtschaft schlechthin in gewisse Gewässer. Zahlenmäßige Vergleiche externer Effekte zwischen biologisch und konventionell geführten Landwirtschaftsbetrieben scheinen völlig zu fehlen. Seit langem besitzt man aber Anhaltspunkte für beträchtliche Unterschiede dieser Art. Hier wäre ein interessantes Neuland für die Forschung.

Die zweite Schwierigkeit der Erfassung externer Effekte liegt darin, daß die üblichen betriebswirtschaftlichen und volkswirtschaftlichen Faktoren *in Geld ausgedrückt* werden, die *externen Effekte sich aber nur beschränkt* so ausdrücken lassen. Wollte man dies erreichen, so wäre, wie dies oben schon angeführt wurde, ein staatlich festgelegtes, komplexes Umrechnungssystem mit einer neuen Art von Rechnungseinheit notwendig, die auch das Addieren und Subtrahieren von verschiedenartigen Dingen wie Löhnen, Materialzukäufen, Abfallbelastungen, gesundheitliche Nebenwirkungen und gemeinwirtschaftliche Leistungen im Rahmen gesetzlicher Bestimmungen erfaßt und nach übergeordneten Zielen ausrichtet. Diese Art von *Externalitäten-Buchhaltung* wurde von Müller-Wenk und Ullmann 1974 für die Industrie vorgeschlagen[55], doch sind wir noch weit davon entfernt, in der Volkswirtschaft eine Auswirkung solcher Vorschläge zu verspüren; noch weniger in der Landwirtschaft, wo viele Betriebe nicht einmal eine übliche Buchhaltung führen.

Wenn daraus nun folgt, daß man sich auf qualitative Aussagen beschränken muß, so ist damit nicht gemeint, diese seien zweitrangiger Natur. Im Gegenteil, wie die obigen Ausführungen gezeigt haben, sind die am *wenigsten quantifizierbaren und am wenigsten in Geld ausdrückbaren externen Effekte die wichtigsten;* denn sie gehen zurück auf höhere, überwirtschaftliche Primärwerte wie Gesundheit, Umweltqualität, Lebensqualität. In diesem Lichte betrachtet handelt es sich bei der volkswirtschaftlichen Geldwert-Rechnung wohl um etwas Umfassenderes, Längerfristiges als beim doch eher primitiven, sehr kurzfristig orientierten betriebswirtschaftlichen Subsystem. Aber auch die volkswirtschaftliche Rechnung ist wegen ihrer Beschränkung auf den Geldmaßstab und auf das Quantifizierbare nicht geeignet, die übergeordneten menschlichen und ökologischen Werte richtig zu erfassen; auch sie ist nur ein Subsystem.

Gleichwohl seien im folgenden, der Skepsis zum Trotz, einige Beispiele qualitativer Vergleiche volkswirtschaftlicher Art angeführt. Die Frage lautet: Welche Art von Landwirtschaft verursacht mehr *Transportkosten,* mehr Verkehr, und damit mehr Wartezeiten, Lärm, Verkehrsunfälle, Verkehrssachschäden, Luftverpestung, Feinverteilung von Blei, Kohlenwasserstoffen etc. im Boden, in Pflanzen und im Wasser; Energieverschleiß, Rohstoffabbau, Landschaftszerschneidung usw.?

Bei der Beantwortung dieser Frage zeigen sich drei Wesenszüge des ökologisch orientierten Landbaus, die für ein geringeres Maß an verursachten Transportkosten sprechen:

a) Die betriebseigenen, standortgebundenen Hilfsquellen werden besser genutzt, betriebsfremde kommen gar nicht oder nur teilweise zum Einsatz. Zu den betriebseigenen gehören: Pflege der Düngemittel aus dem eigenen Hof, Pflege der Bodenorganismen, Gründüngung, Fruchtwechsel als »Düngungseffekt« und Schädlingsvorbeugung, Anpassung der Kulturen an den Standort, bewußte Lenkung von Symbiosen, hofeigenes Tierfutter etc. Zu den betriebsfremden gehören: Zukauf von Handelsdüngemitteln, Chemikalien, Futtermitteln. Aus dem Vergleich dieser beiden Hilfsquellen ergibt sich, daß die betriebseigenen ein größeres Maß an Autarkie, also auch weniger Verkehrsverursachung, ermöglichen.
b) Ein großer Teil der biologisch gezogenen Erzeugnisse wird im näheren geographischen Umkreis des Erzeugers abgesetzt. Dabei gibt es Ausnahmen; sie sind aber nicht bei den wertvolleren Frischprodukten zu suchen, sondern eher bei den Produkten, die aus der Weiterverarbeitung entstehen. Die sog. »Fernfütterung« (Illich) ist bei Erzeugnissen aus industriellem Anbau viel ausgeprägter.
c) Im ökologischen Landbau werden die radikale, angeblich aus wirtschaftlich-technischen Gründen vorgenommene Spezialisierung, die daraus entstehenden eintönigen Monokulturen und fabrikmäßigen Massentierhaltungen vermieden; es wird im Gegenteil eine vielseitige Betriebsstruktur gepflegt. Bekanntlich ist das Verkehrsaufkommen um so größer, je extremer die Arbeitsteilung (= Spezialisierung) in einer Volkswirtschaft vorangetrieben ist. Allerdings lassen sich auch hier Ausnahmen feststellen. Es gibt Agrarunternehmer, welche »biologische« Monokulturen betreiben, wie z.B. großflächige Weinberge, Obstanlagen. In den USA und anderswo werden auch »Mono«-Getreidefelder unterhalten, die für europäische Begriffe recht groß sind. Diese Ausnahmen können aber zugunsten des biologischen Landbaus relativiert werden: »biologische« Monokulturen sind weniger unnatürlich als jene der chemisch-industrialisierten Landwirtschaft, denn es kommt zu Zwischen- und Untersaaten; auch die mit Absicht stehengelassenen »Unkräuter« dienen der biologischen Diversifizierung.

Weitere Arten von betrieblich verursachten externen volkswirtschaftlichen Kosten ergeben sich aus den Bereichen des *Energie- und Ressourcenverbrauchs, der Umweltschädigung und der Belastung der Volksgesundheit.* (Zur Frage nach den *externen Erträgen* – der social benefits – der Volkswirtschaft, z.B. der Pflege der Landschaft durch die biologische Landwirtschaft, siehe Ausführungen auf S. 66, 77 und 84ff.)

Wer verursacht den Welthunger?

Auch auf der weltwirtschaftlichen Ebene stellt sich das Problem einer alternativen oder industrialisierten Landwirtschaft. Häufig wird auf die halbe Milliarde Hungernder oder Unterernährter in den armen Agrarländern hingewiesen, insbesondere Frauen und Kinder, die angeblich wegen weltweit ungenügender Nahrungsproduktion oder, wie es in der Propaganda der Düngemittelfabrikanten dargestellt wird, wegen ungenügender Verwendung von Kunstdüngern und Bioziden, leiden. Diese Hungernden existieren trotz der sog. »grünen Revolution«, einer Gewaltanstrengung der Vereinten Nationen und vieler Länder, wie diese dem Leitbild einer industrialisierten Landwirtschaft entspricht. Oder kann man gar sagen: Diese Hungernden gibt es *wegen* der grünen Revolution?

Andere häufig genannte weltweite Landwirtschaftsprobleme zeigen sich in der Verschwendung von Nahrungsmitteln durch die reichen Industrieländer, in der Verdrängung der Landbevölkerung, in der Arbeitslosigkeit im Zusammenhang mit der Industrialisierung, ferner in der Abhängigkeit einer steigenden Anzahl von Ländern von Nahrungsmittelimporten. Nur noch die USA bleiben übrig als Großexporteur von Getreide; alle anderen Länder zusammen exportieren insgesamt weniger als die USA. Ebenso kann man das Phänomen der oben besprochenen externen Kosten auch auf Weltebene feststellen.

In den volkswirtschaftlichen Lehrbüchern steht geschrieben, die Weltwirtschaft habe die Aufgabe, die Bedürfnisse der Menschen nach materiellen Gütern und Dienstleistungen zu befriedigen. Offenbar tut sie das – aber nur für einen Teil der Menschheit, nämlich für den reicheren. Daher stellt sich zuerst die Frage: Warum wird das Hauptbedürfnis nach genügender und ausreichend guter Ernährung so oft nicht erfüllt?

Die Antwort lautet im Grunde genommen einfach: Viele Menschen hungern auf dieser Welt deshalb, weil der Großteil aller menschlichen Anstrengungen und Kapitalinvestitionen nicht zur Stillung des Hungers auch der Ärmsten und Machtlosesten eingesetzt wird, sondern *für andere Zwecke.* Dazu gehören z.B. der Anbau von Baumwolle und Erdnüssen in der Sahelzone mittels industrialisierten Landwirtschaftsmethoden für den Export in reiche Länder, während zur gleichen Zeit eine Hungerkatastrophe im Sahelgebiet ausbricht. Man denke an den Anbau von Bananen-, Spargel- und Erdbeermonokulturen in Mittelamerika zur Dekkung des Luxuskonsums in Nordamerika, Europa und anderen reichen Regionen, während der Großteil der mittelamerikanischen Kinder schlecht ernährt und unterernährt ist. Zu den anderen Zwecken muß man auch die militärische Rüstung, die Industrialisierung, die Entwicklung des Dienstleistungssektors usw. zählen.*

Man kann daher die Qualität einer Regierung in der Dritten Welt (und anderswo) in dem Maße bestimmen, als diese versucht, die Grundbedürfnisse (wie Hunger) zu befriedigen. In schlecht regierten armen Ländern herrscht nicht nur Hunger, sondern es verhungern ständig Menschen. Hingegen scheint im größten armen Land der Welt, in *China* (fast 1/4 der Menschheit), unter dem Bauernsohn Mao Tse Tung der Hunger ausgeschaltet worden zu sein.[56] In diesem Sinne wurde also China in jüngster Zeit gut regiert. Dies ist umso bemerkenswerter, als China unter allen Großregionen der Welt die weitaus größte Bevölkerungsdichte pro km^2 landwirtschaftliche Bodenfläche ausweist: ca. 800 Menschen (Südasien ca. 400, Westeuropa ca. 310, Lateinamerika ca. 230, Nordamerika ca. 115).[57] Mit nur 0,2 ha landwirtschaftlicher Nutzfläche pro Kopf ist China praktisch Selbstversorger, während z.B. die Schweiz mit ebenfalls 0,2 ha pro Kopf weniger als die Hälfte der im Lande verzehrten Nahrung erzeugt.

Wie schon im Kapitel »Die verwirklichten Alternativen« (S. 38)

* Siehe Francis Moore-Lappé/Joseph Collins, »Vom Mythos des Hungers – Niemand muß verhungern«, S. Fischer Verlag, Frankfurt 1978.

erwähnt, wandte man bisher in China weitaus überwiegend (d.h. zu 70–80 %) in China selbst entwickelte ökologische Landwirtschaftsmethoden an. Die »moderne«, d.h. industrialisierte und chemisierte Landwirtschaft kommt in China nur beschränkt zur Geltung. Zudem werden der Umwelt, weder regional noch international, durch den chinesischen Landbau – im Gegensatz zum nordamerikanischen oder europäischen – keine großen externen Kosten auferlegt. Unter diesem Gesichtspunkt kann man den Schluß ziehen, daß eine gute Regierung ihrer Landwirtschaft eine ökologische Zielsetzung zu geben versucht. Ferner widerlegt das von China gegebene Beispiel das oft gehörte Argument, der biologische Landbau könne im großen nicht angewendet werden, beziehungsweise er würde den Hunger in der Welt noch verstärken.

Im bevölkerungsmäßig zweitgrößten armen Land, *Indien,* vernachlässigen die herrschenden Schichten die landesübliche Landwirtschaft und treiben lediglich die Industrialisierung voran. Unter Nehru und Indira Gandhi wurden nur die industrialisierungswilligen Landwirte in gewissen ohnehin begünstigten Gebieten wie dem Pundschab gefördert (grüne Revolution). Das Resultat ist bekannt: jährlich verhungern rund eine halbe Million Kinder und eine hohe Anzahl von Erwachsenen, und die meisten Kinder weisen infolge Nahrungsmangel ernste Schäden auf. Von dieser Politik wird eine kleine Oberschicht von Indern begünstigt, die allein imstande ist, das notwendige Kapital (z.B. für Maschinen, Chemikalien, Bewässerungsanlagen, besonders gutes und viel Land usw.) und das industrielle und absatzmäßige Know-how zu mobilisieren.

Der überwiegende Teil der Bevölkerung Indiens lebt auf dem Lande und besteht aus ärmsten, verschuldeten Kleinbauern und deren Angehörigen. Die Art Landwirtschaft, die sie seit jeher betreiben, gleicht dem kleinräumigen, vielfältigen Gartenbau. Das Hauptinteresse dieser Volksmehrheit, Nahrung und Wasser, wird dieser Politik der industrialisierten Landwirtschaft geopfert. Diese indische Agrar- und Wirtschaftspolitik macht die Reichen reicher und die Armen ärmer. Man muß daher bei dieser katastrophalen Politik ansetzen, und nicht nur bei der Bevölkerungsexplosion, wenn man die Ursachen der Hungersnöte verstehen will.

Die meisten armen Länder betreiben eine ähnliche »Entwicklungspolitik« wie Indien, soweit der wichtigste volkswirtschaftliche Sektor dieser Länder, die Landwirtschaft, davon betroffen ist. Die Resultate sehen ähnlich aus wie in Indien. »... die Methode der ›grünen Revolution‹ ist vom innersten Kern her, der Ökologie, gar nicht in der Lage, weltweit ein langfristig stabiles ›Agroökosystem‹ zu begründen. Sie ist mit einer Strategie angetreten, die von der Natur her scheitern muß...«.[58] Das Scheitern der anfangs mit so großen Teilerfolgen begleiteten »grünen Revolution« wird jetzt auch in den Vereinten Nationen zugegeben. Es bedeutet nichts anderes als das Scheitern der radikal industrialisierten Landwirtschaft schlechthin.

Beispiele, wie eine Art *ökologischer Landwirtschaft* unter den Bedingungen armer Länder funktioniert, gibt es außer in China auch in Tansania[59], in Ruanda und anderswo. In einem Dutzend armer Länder wird die Einführung »integrierter Methoden« erwogen oder versuchsweise probiert.[60] Seit der gewaltigen Erhöhung der Erdöl- und damit auch der Kunstdüngerpreise befaßt man sich sogar in Indien sowie auf den Philippinen und anderswo in der landwirtschaftlichen Forschung mit ökologisch angepaßten Methoden wie Stickstoffdüngung durch Stickstoffbakterien.[61] Experten der tropischen Landwirtschaft weisen darauf hin, daß ökologische Methoden wie z.B. die dauernde Bodenbedeckung durch den Einsatz von Leguminosen und bestimmten anderen Pflanzen notwendig sind, um die Bodenfruchtbarkeit in Tropenböden zu erhalten.[62]

Um den Hunger und die Arbeitslosigkeit in den kapitalarmen Ländern zu vermindern, ist es überdies notwendig, keine kapitalintensive Landwirtschaft zu betreiben, sondern eine arbeitsintensive, devisensparende, und damit vom Ausland unabhängig machende Landwirtschaft, unter Einsatz angepaßter Technologien, wie sie von E. F. Schumacher beschrieben werden. Dies entspricht Mahatma Gandhis Ausspruch *»It is not mass production, but production by the masses that will do the trick«* – zumal der landwirtschaftliche Sektor den größten Bereich in jenen Volkswirtschaften darstellt. Der ökologische Landbau ist in dieser Hinsicht sehr anpassungsfähig und daher besser geeignet als der chemisch-industrielle. Dies trifft um so mehr zu, als die technische, administrative, rechtliche und soziale Infrastruktur, für Transport und Vermarktung, die bei der chemisch-technischen Landbauweise vorausgesetzt wird, in jenen Ländern nicht oder kaum vorhanden ist. Diese Tatsache wird oft im Schlagwort »*Der Welthunger ist ein Verteilungsproblem*« zusammengefaßt.[63]

Die zunehmende Irrationalität und Verschwendung in den Ernährungsgewohnheiten der Industrieländer hängt nicht mit dem landesinternen, aber mit dem weltweiten Verteilungsproblem der Lebensmittel zusammen. Ein Aspekt davon zeigt sich im zunehmenden Fleischkonsum. Es wurde ausgerechnet, daß ein relativ kleiner Teil des Getreides und der übrigen menschengemäßen Pflanzenprodukte, die nach Verfütterung an Rinder, Schweine und Hühner zur – zudem gesundheitsschädigenden – Überernährung der Menschen in den Industrieländern und ihrer Haustiere durch den Fleischkonsum dienen, ausreichen würde, um die halbe Milliarde Hungernder auf der Welt zu ernähren.

Dieser Tatbestand ist mit dem manchmal zitierten Stichwort »*Wir sind Kannibalen*« gemeint. Ein Zahlenbeispiel, das auf alle reichen Länder zutrifft: von 1000 kg in den USA produziertem und teilweise exportiertem Getreide gehen ca. 75 kg in den direkten Verbrauch durch den Menschen, d.h., ca. 925 kg werden für die Fleischproduktion in und außerhalb der USA verwendet! Nach der wirtschaftlichen Logik erhalten aber gerade jene das Getreide, die zahlen wollen und können. In diesem Sinne werden nicht Bedürfnisse befriedigt, sondern Bedarf (d.h. mit Geld ausgestattete Nachfrage). Die Luxus- und Überernährungsgewohnheiten der reichen Länder führen zu *Bodenverschwendung:* die Erzeugung einer Nahrungsmitteleinheit auf dem Umweg über Fleisch beansprucht etwa *siebenmal mehr Land* als bei unmittelbarer Verwendung pflanzlicher Erzeugnisse! Als Gegenbeispiel sei China erwähnt, wo die übliche Ernährung vegetarisch ist. Der Haupt-Fleischlieferant, das Schwein, wird überwiegend dezentralisiert gehalten und vor allem mit Abfällen ernährt, also nicht mit eigens angebautem Futter. Zudem wird der Schweinedung als Dünger verwendet.[64]

Zusammenfassend läßt sich sagen: die Hungersnöte und die Unterernährung, die Entvölkerung der ländlichen Gebiete und die steigende Abhängigkeit von Nahrungsmittelimporten der armen Länder in der Dritten Welt sind in erster Linie auf *soziales, wirtschaftliches, ökologisches und ethisches Fehlverhalten* von Regierungen, anderen Verantwortlichen und großen Teilen der Bevölkerung zurückzuführen. Besondere Verantwortung dafür tragen die Machteliten der früheren Kolonialverwaltungen, der heutigen Wirtschafts- und Finanzgroßmächte und der armen Länder selbst. Deren Eliten leben durch ihren Reichtum, ihre Macht und ihre meist an Industrieländern orientierte höhere Ausbildung von den Massen ihrer Mitbürger so verschieden, daß man mit Recht von den Agrarländern als »dual societies«, als Zwei-Gesellschafts-Ländern, sprechen kann.[65]

Diesen Eliten ist fast durchweg das vom Westen ausgegangene, einseitige technisch-geldwirtschaftlich-machtpolitische Denken gemein, das man als die vorherrschende Ideologie, die die Natur vergewaltigt, bezeichnen könnte, sei es nun in Ost, sei es in West. Dieses Denken und die daraus hervorgegangene chemisch/industrialisierte Landwirtschaftsweise im besonderen tragen langfristig zum Hunger und zur Armut in der Welt bei. So gesehen ist die *vorherrschende Wirtschaftsweise unter dem Aspekt einer Volks- und Weltwirtschaft, d.h. für die Mehrheit der Weltbevölkerung, weniger »rentabel« als eine ökologisch orientierte* Wirtschaftsweise. Beispiele in einigen armen Ländern zeigen nämlich, daß ökologisch angepaßte Landbau-Methoden, verbunden mit Strukturänderungen zugunsten der armen Landbewohner, in der Praxis den Massenhunger auch unter Bedingungen der Armut und bei hoher Bevölkerungsdichte bannen können.

Energetische Rentabilität

Die sog. Erdölkrise hatte zur Folge, daß die schon immer vorhandene Energieabhängigkeit der Industrieländer ins öffentliche Bewußtsein rückte. Andererseits wurde – und wird – Energie üblicherweise kaum mit Landwirtschaft in Verbindung gebracht. Öffentliche Tagungen zum Thema »Energie und Landwirtschaft« finden erst jetzt statt. Bevor die Hauptfrage »Welche Landwirtschaft ist energetisch gesehen rentabler?« beantwortet werden kann, ist es daher nötig, ein paar allgemeine Tatsachen festzuhalten.

Kalorien statt Geld (eine ganz andere Weltsicht)

Mit der Geldeinheit (DM, Fr, $, etc.) mißt die Wirtschaft alles Materielle und Nichtmaterielle, das als wichtig erscheint und das zugleich knapp ist. Die Energieeinheit (Kalorie, Joule, British Thermal Unit, Kilowattstunde etc.) gestattet jedoch eine noch universellere Erfassung und Messung der physikalischen, chemischen und biologischen Welt. Werkzeug, Auto, Treibstoff, Haus, Unternehmen, Wirtschaftsbranche, Stadt, Zivilisation, Lebewesen, Ökosystem, Verkehrsart, Arbeitsgang, Kriegsereignis, Erholungstätigkeit, Speise usw., alles kann in Kalorien ausgedrückt werden. Die Energieeinheit ist umfassender, weil Energie in allem auftritt und objektiv vorhanden ist, wogegen ein Geldwert nur knappen Gütern und Dienstleistungen zukommt, solange dafür eine Nachfrage besteht. Hinzu kommt, daß ein Geldwert stets ein stark variierendes, subjektives Element beinhaltet. (Demgegenüber ist gleichwohl festzuhalten, daß auch die Energie nicht das Maß aller Dinge sein kann.)

Auf Grund von Energieeinheiten kann man für wirtschaftliche Abläufe Rechnungen aufstellen, wobei sich meistens andere Ergebnisse einstellen, als wenn man mit Geldeinheiten rechnen würde. Die Unterschiede sind oft so groß, daß man daraus schließen könnte, die Wirtschaft lebe an den langfristigen, objektiven Realitäten vorbei. So z. B. kommt eine Treibstoffkalorie in Westeuropa ca. zehnmal billiger als eine Nahrungskalorie und etwa tausendmal billiger als eine Menschenkalorie.[66] Der geringe Preis der Treibstoffkalorie erweist sich in diesem Sinne als völlig »unnatürlich«, er ist kurzfristig und subjektiv, rein betriebswirtschaftlich und nicht volkswirtschaftlich bestimmt. Gleichwohl beruht die heutige Industriezivilisation auf billigem Erdöl...

Was haben »die Primitiven« uns voraus?

Die Autoren J. S. und C. E. Steinhart[67] veröffentlichten 1974 eine grafische Übersicht über den Energiebedarf in der Nahrungserzeugung (siehe S. 79).

Figur 1:
Verhältnis zwischen Energieaufwand – Ertrag

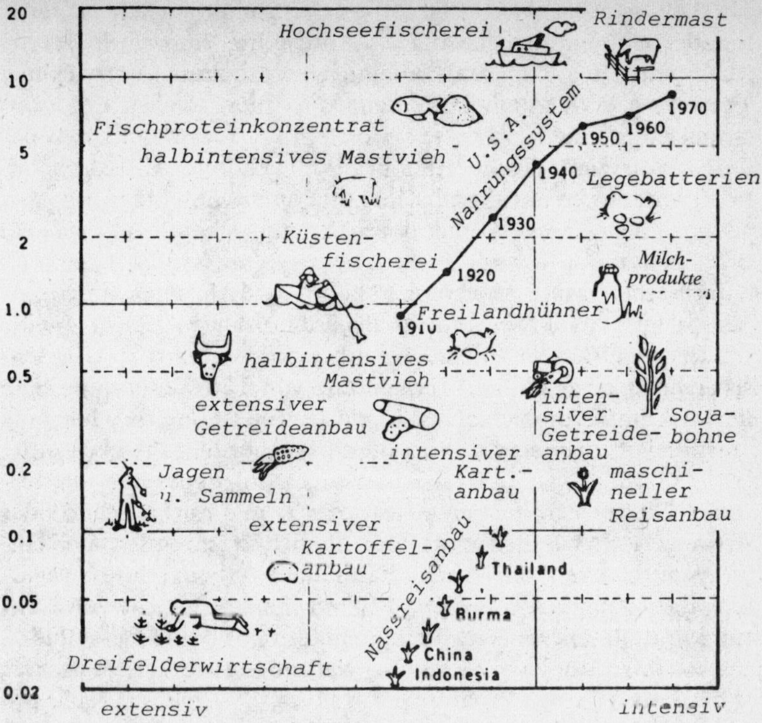

Aus dieser Darstellung läßt sich folgender Trend ablesen: je »entwickelter« ein Land ist, d.h. je energie- und kapitalintensiver und industrialisierter seine Wirtschaft, desto größer das Energiedefizit seiner Landwirtschaft. Energiedefizit bedeutet: der Energieaufwand ist größer als der Energieertrag (Aufwand zu Ertrag größer als 1). Eine Faustregel besagt: »Naturvölker« und Agrarländer (die auch kulturell hochentwickelt sein können) wirtschaften energetisch am effizientesten; ihr Aufwand beträgt weniger als 0,1 ihres Ertrages. Halbindustrialisierte Länder haben ein A/E-Verhältnis von 0,1 bis 1; Industrieländer eines von über 1 (Verlustgeschäft). Für die Schweiz z.B. wurde von zwei Autoren ein Defizitverhältnis errechnet.[68] Einige besonders »moderne« Produktionsweisen wie Intensivmast und Hochseefischerei beruhen auf einer ungeheuren Energieverschwendung.

Zählt man zur landwirtschaftlichen Produktion alle anderen »modernen« nahrungsbezogenen Tätigkeiten hinzu, wie Trocknung, Transport, Lagerung, Kühlung, Verarbeitung, Verpackung, Verteilung, Erhitzung, dann steigt das Energiedefizit der industrialisierten Nahrungsmittelsysteme ins Groteske. Ein großer Teil dieser zusätzlichen Energieverschwendung wird dazu benutzt, um die ernährungsphysiologisch unerwünschte, zeitgenössische Zivilisationskost mit ihren krankmachenden Folgen zu produzieren.

In diesem Lichte besehen verblaßt der Mythos der hohen Arbeitsproduktivität der industrialisierten Landwirtschaft (»eine moderne landwirtschaftliche Vollarbeitskraft ernährt 60–70 Menschen«) zu einer bloßen Verlagerung von Tätigkeiten innerhalb der Gesamt-Branche. Jedem industrialisierten Urproduzenten entsprechen zwei bis drei vor- oder nachgeordnete Arbeitskräfte im Ernährungssystem. Leach[69] hielt dazu folgendes über das britische Nahrungsmittelsystem fest, das dem westdeutschen oder schweizerischen in den Strukturen ähnlich ist: im britischen Nahrungsmittelsystem sind etwa drei Millionen Arbeitskräfte beschäftigt; dazu kommen etwa eine Million für den Import von Nahrungsmitteln. Diese vier Millionen liefern 261 Mio Giga-Joule (1 GJ = 1 Mrd. Joule = 280 KWh) Nahrungsertrag für Menschen, somit beträgt diese Produktivität nur ca. 30–35 Mio. Joule pro Arbeitsstunde. Dies ist kaum mehr als die Leistung eines tropischen Subsistenzbauern (der nur sich selbst versorgt). Dies bedeutet auch, daß jede in oder für die Ernährungs-Branche tätige Person in einem Industrieland nur 13 bis 14 Menschen ernährt, also wiederum kaum mehr als in Subsistenz-Landwirtschaften, wo oft erstaunlich wenig Stunden gearbeitet wird.

Die energieverschwenderische Erdöl-Landwirtschaft

Unter dem Aspekt der Energie gilt es zu unterscheiden zwischen der nur mechanisierten und der industrialisierten Landwirtschaft, wobei die letztere besonders starke Energiedefizite aufweist. Mechanisierung fand aber schon vor dem allgemeinen Einsatz von

Erdöl statt. In der Industrie begann der Energieverbrauch mit der Einführung der Kohle stark zu steigen, in der Landwirtschaft war dies aber erst mit der Einführung des Erdöls und seinen Derivaten der Fall. In den USA z. B. verdoppelte sich der Energieverbrauch der Wirtschaft von 1952 bis 1972; hingegen verdreifachte er sich während dieses Zeitraums in einigen Bereichen der Landwirtschaft.[70] Das war die Zeit der großen Erdölwelle. Daß das überbillige Erdöl die allgemeine Landwirtschaft der Industrieländer stark prägte und von sich abhängig machte, zeigt die Tabelle 6.

Tabelle 6:
Energieaufwand (Kilokalorien pro Jucharte)
in der USA-Maisproduktion (wichtigstes USA-Getreide) (nach Pimentel 1973)

Aufwand an	1945	1954	1970
Stickstoffdünger	58800	226800	940800
Benzin	543400	688300	797000
Maschinen	180000	300000	420000
Elektrizität	32000	100000	310000
Kalidünger	5200	50400	68000
Phosphordünger	10600	18200	47100
Insektizide	0	3300	11000
Herbizide	0	1100	11000
Trocknen, Transport, Samen, Bewässerung	83000	150000	287000
Arbeitskräfte	12500	9300	4900
Total-Aufwand	925500	1548300	2896800
Total-Ertrag	3427200	4132800	8164800
Energetische Rentabilität (Ertrag = x-faches des Aufw.)	3,7	2,67	2,82

(P.S: Die intensiv-chemische Maiskultur der USA hat eine gute Energiebilanz im Vergleich zu anderen Intensivkulturen wie Obst, und auch im Vergleich zur Gesamtlandwirtschaft, welche die stark defizitären Tierhaltungen enthält. Alle Anzeichen deuten jedoch auf einen abnehmenden Ertragszuwachs mit steigender Energiezufuhr.)

Der größte Teil der Energie in der industrialisierten Landwirtschaft stammt aus fossilen Brennstoffen, und davon wiederum der größte Teil aus dem Erdöl. Zur Herstellung der Stickstoffdünger, der Pestizide usw. wird Erdöl benötigt. Man kann also von der modernen konventionellen Landwirtschaft als von einer Erdöl-Landwirtschaft sprechen. Diese Art Landwirtschaft braucht Erdöl ebenso dringend wie ein Flugzeug Benzin.

Nun zeigt sich aber, daß Erdöl und Erdgas (sowie auch Uran) in ein bis zwei Generationen erschöpft und daher schon vorher sehr teuer sein werden. Die heute 35jährigen werden also beim Eintritt ins Pensionsalter bereits auf das Erdöl- und Uran-Zeitalter als markante vergangene Epoche zurückblicken können. Die Industrie vermag in vielem auf Kohle auszuweichen, die noch längere Zeit vorhanden sein wird. Doch was geschieht mit der Landwirtschaft und den Preisen? Die Erdöl-Landwirtschaft steht womöglich auf noch schwächeren Füßen als die Industrie, das heißt, allein die Erdöl-Preiserhöhungen, wie sie für die achtziger Jahre wieder zu erwarten sind, genügen, um diese stark zu erschüttern.

Sparversuche

Die Tabelle 6 (auf S. 81) zeigt, auf welche Weise es zum rasanten Energieverbrauchswachstum im Maisbau der USA kam, und wo folglich die größte Verschwendung und die größten Sparmöglichkeiten zu vermuten sind, nämlich beim Stickstoffdünger und beim Treibstoff. Nicht nur beim Maisbau, sondern in der gesamten USA-Landwirtschaft standen diese beiden Posten im Jahre 1970 an der Spitze des Energieverbrauchs[71], wobei der Einsatz von Kunstdünger schneller stieg. Ähnliches gilt für Großbritannien[72] und für Frankreich.[73] Daraus ergibt sich, auf das Nahrungsmittelsystem bezogen, daß die größten Sparmöglichkeiten in einer Änderung der Eß-, Koch- und Einkaufsgewohnheiten liegen, und zwar in Richtung zum Natürlicheren und Gesünderen.

Die weltweite Verdreifachung des Stickstoff- und des Phosphordüngerpreises im Gefolge der ersten »Ölkrise« der siebziger Jahre gab erstmals Anlaß zu Sparüberlegungen. In Kreisen der konventionellen Landwirtschaft begann man nach Alternativen zu suchen. Seither ist die Literatur über jede Art von Energiesparen und Energiealternativen kaum noch zu überblicken. Im Verhältnis zum Gesamtenergieverbrauch des Landes betrug der Energieverbrauch für

- den Nahrungsmittelsektor in den USA: 13 %[74]
- die Landwirtschaft in der BRD: 5,7 %[75]
- die Landwirtschaft in Frankreich: 9 % (gleichbedeutend mit 15 Mio Tonnen Erdöl pro Jahr)[76]

Entsprechend der wirtschaftlich-technischen Orientierung unseres Ausbildungswesens bewegen sich die meisten Energiesparvorschläge und -versuche auf der technischen Ebene. Interessanterweise werden nun von Leuten, die offenbar vom biologischen Landbau wenig wissen oder wenig wissen wollen, eine Anzahl Methoden vorgeschlagen, die seit Jahrzehnten zum alltäglichen Rüstzeug des biologisch wirtschaftenden Landwirts gehören. Wenn es der hohen Erdölpreise bedarf, um eine ökologisch orientierte Landwirtschaft und damit eine ökologische Rücksichtnahme in allen Lebensbereichen allgemein durchzusetzen, dann müßte jedermann im öffentlichen Interesse für hohe Erdölpreise eintreten…

Wer ist der bessere Energiesparer?

Um es gleich vorwegzunehmen: aus dem Gesagten ergibt sich von selbst, welche Art Landwirtschaft energetisch rentabler ist – es ist die biologische. Einige Resultate von Vergleichen liegen vor. Im stark motorisierten Feldbau des amerikanischen Mittelwestens wurde gemäß einer seit 1974 laufenden Untersuchung gefunden, daß die *organischen Höfe nur ca. 40 % der Energie der konventionellen* Betriebe verbrauchen, um vergleichbare Erträge zu erzielen.[77] Die Resultate aus dem Jahre 1976 haben dieses Verhältnis bestätigt. Für die französische biologische Landwirtschaft wurde ein noch besseres Verhältnis gefunden: sie verbraucht *nur ca. 30–40 %* der Energie der konventionellen Landwirtschaft, um vergleichbare Erträge zu erzielen.[78]

Mit einem Wort: der ökologische Landbau ist energetisch gesehen *weitaus* rentabler. Dieser Vorteil dürfte eines Tages entscheidend sein. Dabei ist noch festzuhalten, daß die bisher angewandten Methoden der ökologischen Landwirtschaft in bezug auf

Energie-Effizienz zweifellos noch verbesserungsfähig sind: weniger Mechanisierung, mehr Arbeitsplätze, noch mehr Gründüngung, noch bessere Fruchtfolgen, noch kürzere Transportdistanzen, noch bessere Mischkulturen und Untersaaten, damit weniger Düngung nötig ist, Methangasherstellung und -verwendung, Verwendung von Wärmepumpen und Sonnenkollektoren, bessere Isolierung der Gebäude, bessere Anpassung von Pflanzen, Tieren und Methoden an die gegebenen Standorte, Einführung von Energieflußrechnungen, die Sparmöglichkeiten aufzeigen.

Ökologische Rentabilität

Die Landwirtschaft, die wir als Alternative der heute in Industrieländern üblichen, konventionellen Landwirtschaft gegenüberstellten, nannten wir abwechslungsweise biologisch, organisch, naturnah, umweltschonend, ökologisch usw. Als man im deutschen Sprachraum vor einem halben Jahrhundert die Hauptbezeichnung »biologisch« einführte, war der Begriff der Ökologie als Lehre von den Wechselwirkungen zwischen einem Organismus oder einer Lebensgemeinschaft und der Umwelt noch unbekannt. Heute, da dieser Begriff ins Bewußtsein vieler Menschen eingedrungen ist, wird das Wort »ökologischer« oder »ökologisch orientierter« Landbau als Oberbegriff für die verschiedenen »Richtungen« der Praxis immer häufiger verwendet. Da die weitgehende Anpassung des Landbaus an die ökologischen Gesetze den Kern der hier erörterten Alternative darstellt, beantwortet sich damit die Frage, welche Landwirtschaft »ökologisch rentabler« sei, von selbst. Gleichwohl mag es interessant sein, einige Ergänzungen anzufügen; denn ein Nichtlandwirt wird den Zugang zum biologischen Landbau in der Regel entweder bei einer Lösung eines Gesundheitsproblems finden oder bei der Einsicht in ökologische Zusammenhänge.

Ökologie, Landbau und der »Sündenfall«

Ökologisch gesehen ist *jede* Art von Land- und Gartenbau ein künstliches Ökosystem. Künstlich heißt in diesem Fall: es wurde *vereinfacht* oder reduziert, es ist also ärmer geworden (fast alle größeren, von der Natur am Standort angesiedelten Tiere und Pflanzen werden vernichtet und ihre Wiederansiedlungsversuche verhindert), es wird *unstabil* gehalten (es befindet sich ständig in der Phase des Neuaufbaus der noch vorhandenen einseitigen Pflanzengesellschaften und Tierpopulationen) und es ist mit einem *dauernden Fremdenergiezufluß* versehen (in Form von menschlichen Interventionen aller Art, um die Rückkehr des Systems zur natürlichen Vielfalt und Stabilität zu verhindern). Nur auf diese Weise kann der Ertrag der vom Menschen selektionierten Pflanzen und Tiere im Vergleich zum natürlichen Ökosystem stark gesteigert werden.

Dies heißt mit anderen Worten: *mag der Landbau noch so alternativ sein, er zerstört den größten Teil der außermenschlichen Natur* auf seinem Areal, gemäß dem menschlichen Grundprinzip: »Ich bin besser und wichtiger als alle andersartigen Mitpassagiere auf dem Raumschiff Erde und töte folglich diese, soweit es mir paßt.« Die Landbauweisen der Römerzeit, des alten Ägypten, Altmesopotamiens, der vorzeitlichen Industalkultur usw. waren gewiß nicht chemisch/industriell zu nennen, und doch brachten sie es fertig, gemäß erwähntem Prinzip ganze fruchtbare Erdteile zu Halbwüsten und Wüsten zu machen.[79]

Landwirtschaft als Sündenfall im Paradies

Ein arbeitsmüder Manager war es, der sagte: er begreife langsam, was *die Bibel* mit dem Auszug aus dem Paradies und dem Spruch »Im Schweiße deines Angesichts sollst du dein Brot essen« meine. Dies sei doch nichts anderes als die Umstellung vom Sammler- und Jägerdasein auf das seßhafte Bauerntum gewesen. *Im Paradiese,* d.h. in den ursprünglichen Naturlandschaften, war die menschliche Bevölkerungsdichte so gering und die Vielfalt und der Reichtum an Pflanzen und Tieren so groß, daß die Menschen nur zu nehmen brauchten. Es war genug zum Leben da für alle, insbesondere in den warmen, wasserreichen Gegenden der Erde. Die wenigen Menschen sahen im Nächsten deshalb keinen Konkurrenten, sondern eine willkommene Stütze und Abwechslung.

(Eine ähnliche Einstellung kann man noch heute in vereinzelten, entlegenen Weltgegenden beobachten. Auf diese Art mußten die Menschen während 99 Prozent ihrer Entwicklungsgeschichte gelebt haben. Einige Menschen versuchen heute noch so zu leben, zum Beispiel einige hundert Buschmänner in der Kalahari, wenige noch nicht zivilisationsgeschädigte Indianersippen im Amazonas, ein Stamm in den Philippinen – und dies mit einem Lebens-»know-how«, das heute endgültig am Verschwinden ist.)

Als aber Adam und Eva sich stark vermehrten, kam der Bevölkerungsdruck und die Not – und diese machte erfinderisch, aber auch aggressiv. Es kam zum *Sündenfall:* sie wollten nicht wie bisher und wie alle andern Geschöpfe Gottes ihre Anzahl dem Garten Eden anpassen, nein, sie wollten *gottähnlich sein* und das *»Management« über die Natur* selbst in die Hand nehmen und sich nicht mehr als Teil in die göttliche Ordnung fügen. Das war die Erbsünde.

Also spionierten sie diese »Management-Methoden« aus – heute nennt man dies wissenschaftliche Forschung; die Bibel nennt es *»vom Baume der Erkenntnis essen«.* Sie erkannten, daß sie durch rücksichtslose Ausrottung der meisten pflanzlichen und tierischen Mitgeschöpfe (z. B. Brandrodung) die nach ihrer Eßbarkeit ausgelesenen übrigen Organismen stark vermehren und sich dadurch selbst mehr Nahrung verschaffen konnten. Allerdings mußten sie dafür das frühere freie Herumziehen aufgeben. Von ihrer Mutterrolle her mehr auf Schutz und Seßhaftigkeit bedacht, mag Eva in der Domestizierung von Nahrungspflanzen dem weiter umherstreifenden Adam vorangegangen sein. Dieser ließ sich schließlich dazu überreden, immer wieder zum Orte des Pflanzenanbaus zurückzukehren und diesen zu verteidigen. Damit hatte Eva den Adam verführt, nachdem sie selbst vom bösen Geist der »gerechtfertigten Naturzerstörung« (resp. vom *»Teufel«*) verführt worden war. Adam biß in den dargebotenen *Apfel* und wurde selbst domestiziert. So entwickelte sich aus der Sammeltätigkeit der Anbau, aus dem Nomadentum die bäuerliche Seßhaftigkeit und das Dorf, aus dem natürlichen Ökosystem das »künstliche«, aus dem freien Kollektivgut »Natur« das aufgestückelte Privateigentum, aus der offenen, nahrungsteilenden und solidarischen Einstellung die besitzergreifende und defensive, welche im Nächsten den Eindringling und den möglichen Erntedieb sieht.

Gott strafte die beiden und ihre Nachkommen, indem er sie *aus dem Paradiese vertrieb* und sie zu ewiger Zwangsarbeit verdammte: wie Sisyphus müssen sie seither ihre künstlich verarmten, destabilisierten Ökosysteme unter der Drohung von Hungersnöten stets von neuem daran hindern, in den ursprünglichen Zustand zurückzukehren. Dieser Fluch währt so lange, als die Menschen die Gesetze Gottes, die ökologischen Gesetze, nicht befolgen. – »In Anpassung an diesen ›Sachzwang‹ haben wir zuerst das Arbeitsethos und dann die Leistungsgesellschaft erfunden...« meinte unser Manager.

Der Unterschied: zyklisch kontra linear

Das Management des vereinfachten, unstabilen, aber nahrungsertragsreichen landwirtschaftlichen Ökosystems kann auf verschiedenen Wegen erfolgen, auf dem zyklischen und auf dem linearen. Dies ist eine moderne Ausdrucksweise. In anderer Form mögen diese zwei Wege schon in der Antike mehr oder weniger bekannt gewesen sein.

Beim *zyklischen Management-Typus* werden (wurden), damals wie heute, die Stoff- und Energiekreisläufe (z.B. Nährstoffe im Boden → in der Pflanze → im Tier → zurück zum Boden) zum Teil aufrechterhalten; sei es in natürlicher, komplexer Form durch Belassung von wichtigen Teilen in der ursprünglichen Naturlandschaft, sei es auf dem bearbeiteten Areal in stark vereinfachter Form, indem alle Abfälle wiederverwendet werden. Zudem lassen sich auch andere, nützliche Abläufe natürlicher Ökosysteme in vereinfachter Form nachahmen, z.B. in Form von Mischkultur, Gründüngung, Fruchtfolgen. Die frühere Brache (in den Tropen noch heute praktiziert) war eine Art extensive Gründüngung, oder extensive Fruchtfolge, mittels natürlichem Wiederbewuchs. Man läßt die biologische Aktivität aller ausgewählten Organismenarten gewähren (extensives Management) oder fördert sie gezielt (moderner biologischer Landbau). Auf diese Weise kommen die natürlichen Regulationsmechanismen zur Geltung. Dies ermöglicht energetische und geldmäßige Ersparnisse; Kulturpflanzen und Haustiere wachsen naturnäher auf.

Das *lineare Management* geht einen Schritt weiter in der »Verkünstelung« des Agrar-Ökosystems. Der Priorität des maximalen Produktionsausstoßes und Erlöses bei minimalem Aufwand wird alles andere untergeordnet. Heute, da Arbeitskräfte teuer sind, heißt »Aufwand« gleich »Arbeitsaufwand«; an seine Stelle treten billige Erdöl-Energien. Früher hieß Aufwand etwas anderes, aber das Prinzip war dasselbe. Das gesamte verfügbare Land wird unter den Pflug genommen oder sonstwie ausgebeutet. Auf den Kreislauf wird nicht Rücksicht genommen: auf der einen Seite des Betriebs werden möglichst billige Energie- und Material-Ressourcen eingeführt (in der Antike war das z. B. billige Sklavenarbeit, in der Moderne ist es z. B. billiges, subventioniertes Futtergetreide aus USA). Auf der anderen Seite werden neben den Produkten auch Abfälle, Umweltverschmutzungen und oft ein Teil des Humus abgestoßen.

In den alten Kulturen konnte sich die Zerstörung durch dieses Management-Modell nicht so stark auswirken wie heute, außer vielleicht an Hanglagen, wo Wasser und Wind den Boden rasch wegtrugen, und in warmen Trockengebieten, wo durch Übernutzung der Vegetation und des Wassers ebenfalls vom Naturkapital gelebt wurde. Es war der modernen Zivilisation vorbehalten, in logischer Konsequenz dieses Modell voranzutreiben, mittels noch stärkerer Loslösung vom Kreislaufprinzip und noch größerer Vereinfachung der betrieblichen Ökosysteme durch Kunstdünger, Biozide, Treibstoffe, Maschinen, Landschaftsbegradigungen (maschinengerechte Produktionslandschaft), extreme Monokulturen, Intensivmast, Intensivkulturen, Eierlegebatterien, Höchstleistungsmilchwirtschaft.

Daß vom linearen Management-Typus größere Umweltbelastungen ausgehen, steht außer Zweifel. Es ist also vom ökologischen Standpunkt aus doch sinnvoll, zwischen verschiedenen Landbauweisen zu unterscheiden, auch wenn alle nur Spielarten der Umweltbelastung darstellen. Wie mißt man aber in der Praxis die von einem konkreten landwirtschaftlichen Betrieb ausgehenden Umweltbelastungen insbesondere dann, wenn dieser Betrieb weder rein »zyklisch« noch rein »linear« geführt wird?

Ein Maßstab für Umweltbelastungen?

Der Ausdruck »ökologische Rentabilität« weckt die Erwartung einer Art von Aufwands- und Ertragsrechnung oder mindestens eines quantifizierenden Vergleichs, etwa nach dem Schema im Abschnitt auf S. 68. Kann es aber einen gemeinsamen Maßstab zur Messung all der sehr verschiedenen Mehr- und Minderbelastungen der Tiere und Pflanzen, des Bodens, des Wassers, der Luft, der Ökosysteme, des Erbmaterials, des Lokalklimas usw. geben? Es wurde ein Versuch unternommen, für umweltbewußte Manager einen ökologischen, das heißt einen Umwelteinwirkungsmaßstab und eine entsprechende Buchhaltung zu schaffen, und zwar im Rahmen einer schweizerischen Lebensmittelverarbeitungsfirma.[80] Diese spielte eine solche ökologische Buchhaltung durch und erhielt ohne viel administrativen Aufwand systematische, zahlenmäßige Informationen über den Stand und die Entwicklung der vom Unternehmen ausgehenden Umwelteinwirkungen. Dabei mußte der Maßstab »Einheit der Umwelteinwirkung« festgelegt werden, was letztlich auf einem Ermessensentscheid beruhte. Der nächste Schritt bestünde darin, daß der Staat in jeder Wirtschaftsbranche und im volkswirtschaftlichen Rahmen diese Meßeinheit aufgrund ökologischer Knappheits- und umweltpolitischer Überlegungen allgemeinverbindlich festlegte. Leider zeigten weder Staat noch Wirtschaft Interesse, so daß wir auch für die Landwirtschaft keine quantitativen Berechnungen der Umweltbelastung nach diesem praktikablen System vorlegen können.

Qualitative Merkmale des Ökologischen

Da sich die ökologische Rentabilität der konventionellen und der biologischen Landwirtschaft nicht quantifizieren läßt, müssen Indikatoren gesucht werden, die erkennen lassen, ob ein landwirtschaftlicher Betrieb umweltschonend oder ökologisch rücksichtslos arbeitet. Diesem Zweck dient die nachfolgende Zusammenstellung von typischen Merkmalen einer ökologischen

Orientierung. Die Zusammenstellung setzt keine Prioritäten, ist nicht frei von Überschneidungen und auch nicht vollständig. Es ist auch keineswegs notwendig, daß ein Betrieb all diese Merkmale tragen muß, um als »ökologisch orientiert« eingestuft zu werden, sonst gäbe es möglicherweise keine derartigen Betriebe! In der Praxis ist das Wichtigste wohl die innere Einstellung des Betriebsleiters zur Natur und zur Stellung des Menschen im Ökosystem.

Woran erkennt man die ökologische Orientierung im Landbau?

Merkmale zur Beurteilung

Kreislauf

Stoff- und Energiekreisläufe werden möglichst innerhalb des Betriebes oder innerhalb der gleichen Gegend geschlossen.
Alle eigenen organischen Abfälle, oder auch solche aus der gleichen Gegend, werden im eigenen Bereich oder in der Gegend dem Boden zugeführt (Hofdünger, Haushaltsabfälle, etc.).
Die Futtermittel für die eigenen Tiere werden möglichst im eigenen Betrieb erzeugt.
Industrielle betriebliche Hilfsmittel werden soweit als vernünftig gemieden, resp. sparsam verwendet; sowie durch eigene oder lokal hergestellte ersetzt.

Vielfalt

Zahlreiche natürliche, von vielen Tierarten belebte Landschaftsteile sind vorhanden (standortgerechter Mischwald, Waldrandbiotope, Feldgehölze, Gebüsche, Hecken, Einzelbäume, Moore, ungedüngte und unbegiftete fließende und stehende Gewässer mit natürlichen Ufern und Uferbiotopen, ungedüngte Ried- und andere, standortgemäße natürliche Wiesen).
Auf kleinem Raum gibt es viele verschiedene Arten von freilebenden einheimischen Pflanzen und Tieren (hohe Toleranz für natürliche Flora und Fauna, also auch für Unkräuter, Insekten, Vögel, Nager etc. und deren Biotope).
Schädlings- und Unkrautabwehr geschieht nur mittels biologischer und mechanischer Maßnahmen, und nie bis zur völligen Ausrottung einer Art; Pflege der biologischen Gleichgewichte.

Zahlreiche und artenreiche Mikroflora und Mikrofauna im Kulturboden.
Auf kleinem Raum werden viele verschiedene Arten von Kulturpflanzen und Haustieren gepflegt (Mischkultur, Zwischen- und Untersaaten, Mischwirtschaft, keine Monokultur, keine Massentierhaltung).
Abwechslungsreiche Abfolge verschiedener Kulturpflanzenarten am gleichen Standort (Fruchtfolge, Gründüngung).

Anpassung an Standort

Anpassung der räumlichen und betrieblichen Gestaltung und Nutzung des ganzen Geländes und aller Anlagen und naturbelassenen Landschaftsteile an die vorhandene Topografie, Geologie, Hydrologie, Klima und andere Standortgegebenheiten.

Ungiftigkeit

Keine Verwendung von synthetischen chemischen Stoffen (Bioziden usw.).
Keine Verwendung von natürlichen Giften, die für Menschen, Haustiere, Säugetiere, Vögel, Bienen, andere Nützlinge oder breite Spektren von kleinen oder größeren Organismen schädlich sein könnten.

Bodenpflege

Erhaltung und Steigerung des Dauerhumusgehaltes und der Dauerfruchtbarkeit des Kulturbodens als eines der wichtigen Betriebsziele.
Hoher und harmonischer Gehalt an organisch gebundenen Haupt- und Spuren-Nährstoffen im Kulturboden.
Schonende Bodenbearbeitung (kein oder nur flaches Pflügen, Vermeidung schweren Geräts, Schonung und Förderung der Regenwürmer etc.).

Organische Düngung

Düngung vorwiegend organisch (Kompost, Mist, Pflanzen- und Tierabfälle aller Art).
Keine Verwendung wasserlöslicher Mineraldünger (Kunstdünger).

Äußerst sparsame und vorsichtige Verwendung der (teilweise) wasserlöslichen organischen Düngemittel (Belüftung und Verdünnung der Gülle, schleierdünne Ausbringung von Frischmist, Holzaschezusatz über den Kompost etc.).
Mineraldüngung nur mittels wasser-unlöslicher Mittel (Steinmehle, Tonmehle, Algenkalkmehle etc.).

Aerobiebewußtsein

Klare Unterscheidung zwischen aerober Rotte (z.B. Kompostierung) und anaerober Fäulnis insbesondere bei der Behandlung und Verwendung der organischen Dünger, Erntereste, Gründüngung, beim Pflügen usw.
Vermeidung jeden Kontaktes zwischen lebenden Wurzeln von Kulturpflanzen und anaeroben Stoffen.

Vernünftige Intensität

Vermeidung von Überernährung und Fehlernährung von Pflanzen und Tieren (keine einseitige und übermäßige Düngung und Mast).
Befriedigung der arteigenen Bedürfnisse der Nutztiere (z.B. natürliche Ernährung, Auslauf, keine »Intensivhaltung« und keine bodenlose und andere quälerische Tierhaltung).
Keine Verwendung von wachstumsforcierenden und stoffwechselverändernden Stoffen.

Energiebewußtsein

Ersatz von betriebsfremder Energie wo immer möglich und sinnvoll durch betriebseigene Energie (z.B. aus Sonne, Wind, Wärmepumpen, Abwärmeausnutzung, Biogas etc.).
Bevorzugung dezentraler Energiequellen.
Anwendung energiesparender Methoden, Ausrüstungen und Betriebsmittel.

Gewässerschutz und Lufthygiene

Keine Begiftung und Düngung der Gewässer.
Statt Abschwemmung der Fäkalien und Abwässer in die Gewässer: Wiederverwertung durch geeignete Verfahren.
Vermeidung von Gestank durch geeignete Behandlung von Gülle,

Mist und Abfällen (z.B. Kompostierung, Belüftung, Zusatz von Steinmehl usw.).
Vermeidung der Schädigung des Ozonschildes in der oberen Atmosphäre durch Nichtverwendung von mineralischen Stickstoffdüngern.

Gesundheitliche Rentabilität

»Man muß den Boden heilen, um nicht die Krankheiten der Tiere und Menschen kurieren zu müssen«, sagt Prof. A. Voisin.[81] Wenn wir also über die menschliche Gesundheit im Zusammenhang mit Landbaumethoden nachdenken, muß also der Gesundheitszustand des Bodens, der Pflanzen- und Tierwelt, der Luft und des Wassers, kurz, die Gesundheit all unserer Nahrungs- und Lebensgrundlagen, miteinbezogen werden. Dabei wäre immer noch nur ein Teil dessen berücksichtigt, was die menschliche Gesundheit ausmacht und beeinflußt. Eine angemessene Behandlung des Themas ist daher in diesem Zusammenhang unmöglich. Einen gründlicheren Versuch hat Albert von Haller unternommen.[82]

Allerdings läßt sich aufgrund der Überlegungen im Kapitel »Ökologische Rentabilität« (siehe S. 82) und anderswo folgendes vermuten: im Beziehungsnetz Umwelt–Mensch kann der Mensch auf die Dauer kaum gesund bleiben, wenn seine natürliche Umwelt gestört, verarmt, labil und mit Fremdstoffen verschmutzt ist, denn er lebt von ihr, er ißt, trinkt und atmet von und mit ihr, er berührt, empfindet, sieht, hört, riecht und schmeckt sie täglich. Wenn menschliche Gesundheit mit jener der Biosphäre und jener der unmittelbaren Umwelt so vernetzt, verknüpft, und so unteilbar ist, folgt daraus logischerweise, daß jene Landbauweise, die den ökologischen Gesetzen am nächsten kommt, auch der Gesundheit des Menschen am zuträglichsten ist. Der biologische Landbau wäre also auch gesundheitlich »rentabler«.

Allerdings muß man auch hier gerechterweise unterscheiden zwischen a dem richtigen Prinzip mit seinen hohen Anforderungen an die Praxis und b der tatsächlichen Praxis:

a) Das richtige Prinzip heißt: gesunde Menschen setzen gesunde Nahrung, also gesunde Pflanzen und Nutztiere, gesunde Böden und andere gesunde Ökosysteme voraus. Der alternative Landbau, den wir meinen, ist die konkrete Verwirklichung der Forderungen aus diesem Prinzip.

b) Der einzelne biologisch geführte Hof stellt eine konkrete Wirklichkeit dar, kann aber in der einen Hinsicht dem als richtig erkannten Prinzip nahe und in anderer Hinsicht davon weit entfernt sein. Mit anderen Worten, die Praxis ist stets bunt schillernd und verbesserungsfähig.

Wer die Frage stellt: Welcher Landbau erzeugt die gesünderen Produkte, der kann aus Wissenschaft und Praxis berichten. Das heißt aber, er spricht in erster Linie von dieser nicht sehr perfekten und sich stets verändernden Praxis, sowie von begrenzten Experimenten. Die folgenden Ausführungen sind in diesem Sinn zu verstehen.

Wie bestimmt man den Gesundheitswert?

Um ein häufiges Mißverständnis sogleich auszuräumen: der handelsübliche Qualitätsbegriff für Agrarprodukte (»Handelsklasse«) hat mit dem Gesundheitswert (ernährungsphysiologischer, biologischer, gesundheitlicher oder innerer Wert) sehr wenig gemeinsam. Er dient in erster Linie zur Standardisierung der Handelsware nach äußerlichen, kosmetischen Merkmalen wie Größe, Gewicht, Fleckenfreiheit, makellosem Aussehen. *Die Forderung nach groß, schwer, fehlerfrei ist eher verbraucher-, umwelt- und gesundheitsfeindlich,* denn sie verleitet den Anbauer und Züchter zum maximalen Einsatz aller verfügbaren chemischen Produktionsmittel. Zudem strapaziert er dadurch die bereits überlasteten Zulassungsbehörden, die ständig weitere Hunderte von neuen Chemikalien zu prüfen haben. Die meist unwissenden Verbraucher ahnen nicht, daß sie durch den konstanten Einkauf von »makellosen« Produkten diesen Chemieeinsatz fördern und dadurch unter Umständen höhere chemische Rückstände in ihrer Nahrung aufnehmen. Vorschläge des einzigen (!) auf der Welt existierenden staatlichen Instituts für Qualitätsforschung pflanzlicher Nahrungsmittel (Geisenheim, Rhg./BRD) zur Berücksichtigung ernährungsphysiologischer und ernährungshygienischer Kriterien in den staatlichen Qualitätsnormen blieben bisher ohne Echo.[83] Die Behörden tun praktisch nichts, um die Verbraucher zu veranlassen, Lebensmittel nicht nach kosmetischen Gesichtspunkten auszuwählen, sondern mit Wissen und Verstand und nach Kriterien der Gesundheit.

Die Qualitätsbegriffe der Großabnehmer von Landesprodukten, wie Konservenfabriken, Bäckereien, sind ebenfalls in erster Linie auf deren eigene, technische Bedürfnisse zugeschnitten, z.B. maschinengerechte Gleichförmigkeit der Erbsen, Backfähigkeit des Weizenmehls etc. Ein Bemühen, gesundheitspolitisch vorzugehen, läßt sich nicht feststellen.

Welche Qualitätsmerkmale soll man wählen, um dem Gesundheitswert von Lebensmitteln möglichst gerecht zu werden? Dabei haben sich bis jetzt folgende Kriterien herausgeschält:

- Geruch, Geschmack, Bekömmlichkeit und Sättigungswert.
- Rückstandsfreiheit (keine chemischen Fremdstoffe in und auf dem Produkt).
- Harmonische Zusammensetzung der Nähr- und Vitalstoffe im Produkt.
- Geringe Anfälligkeit des lebenden Organismus (Nahrungspflanze, Nutztier) gegenüber Krankheiten, Schädlingsbefall, Mißbildungen und Unfruchtbarkeit.
- Bei Früchten und gewissen anderen Nutzpflanzenprodukten: voll ausgereifter und entwickelter Zustand, sowie gute Haltbarkeit.

Es sind noch andere Merkmale möglich. Ebenso können Ursprung und Aufwuchsbedingungen des Lebensmittels in die Überlegungen mit einbezogen werden.

Ist das gesund, was man gerne ißt?

Die Tiere bestimmen ihre Nahrung nach diesem Kriterium, das in der Frage des Titels gemeint ist, und dies ohne Laboratorien. Sie handeln nach ihrem Instinkt, wobei es heute oft heißt, dieser sei den Menschen und teilweise auch den Haustieren abhanden gekommen. Die Wirklichkeit sieht etwas anders aus: der Instinkt ist noch immer vorhanden, doch er kann nur in jener Welt zur Geltung kommen, in der und für die er entstanden ist und in welcher auch der Mensch während über 99 % seiner Existenz gelebt hat, das heißt in der vom Menschen noch nicht umgestalteten Biosphäre. In dieser Welt gibt es keine nach Handels- und Profitgesichtspunkten produzierte, keine gewerblich oder industriell verarbeitete, ja nicht einmal gekochte Nahrung.

In dieser Sphäre kann z.B. die Lust nach Süßem nicht mit gesundheitsschädigenden Zuckerwaren befriedigt werden, sondern nur mit rohen, süßen Früchten, Samen oder anderen kohlehydrathaltigen Pflanzenteilen, und äußerst selten mit Honig. Dabei wird der Mineralstoff-, Vitamin- und Enzymbedarf des Menschen gleichzeitig befriedigt, und die Lust nach Süßem klingt ab. Werden aber nur künstliche Zuckerwaren oder andere künstlich veränderte Kohlehydrate wie Teigwaren, Kuchen, Weißbrot gegessen, dann bleibt die Lust nach Süßem bestehen, offenbar weil der Körper mit dieser Zivilisationsnahrung die gebrauchten Vitalstoffe nicht oder in ungenügendem Maße bekommt. Es läßt sich also nicht behaupten, daß wir dem Instinkt nicht mehr trauen dürfen; man sollte ihm nur nicht Nahrung zur »Beurteilung« vorsetzen, für die er nicht geschaffen wurde. Dann funktioniert er.

Mit Gewißheit läßt sich sagen, daß er nicht geschaffen wurde für Nahrung mit geruch- und geschmacklosen chemischen Rückständen, für Nahrung, die künstlich gereift wurde, geschönt, überdüngt, gemästet, überzüchtet, oder deren Stoffwechsel mit Kunstdünger, Hormonen, Antibiotika etc. verändert wurde. Dabei ist nicht ausgeschlossen, daß er in einzelnen dieser Fälle gleichwohl funktioniert.

Die Problematik zeigt sich also klar und deutlich. *Die hervorragendste Qualitätsbestimmungsmethode der Welt, die jeder Säugling schon mitbekommt,* wurde durch die vom Menschen verursachten Veränderungen der natürlichen Welt und durch die Fähigkeit des Menschen, nach falschen Ideen zu leben, *ihrer Funktionssicherheit beraubt.* Heute muß erworbenes Wissen dazu kommen. Den Gesundheitswert landwirtschaftlicher Produkte mittels Geruch, Geschmack und Bekömmlichkeit zu ermitteln, ist gewiß immer noch viel besser als die bloße Augenprüfung, bei der die Irreführung viel leichter möglich ist. Es ist eine dezentralisierte und subjektive Methode; jeder kann und muß sie anwenden, wenn er gesund bleiben will. Wer um ihre Eigenart und Beschränkungen weiß, wird diesem Vorgehen bei der Prüfung *naturbelassener* Lebensmittel in hohem Maße vertrauen und dieses auf solche Weise intensiv walten und sich entwickeln lassen.

Von Leuten, welche diesbezüglich sensibilisiert sind, hört man oft, *daß sie biologisch angebaute Produkte meistens von anderen unterscheiden können,* sogar in gekochtem Zustand. Einige dieser Fälle sind ohne weiteres chemisch-analytisch nachprüfbar: mit Stickstoff überdüngte Nahrungspflanzen haben eine andere Zusammensetzung, und zwar eine gesundheitlich schlechtere. Dementsprechend sind auch der Geschmack, der Geruch und die Bekömmlichkeit schlechter. (Wir kommen noch darauf zurück.) Auch wenn nicht jede Äußerung wie »dieser biologische Apfel schmeckt wie zu Großmutters Zeiten« mit Labormethoden bewiesen werden kann, so ist es doch unwissenschaftlich, wenn die offizielle Ernährungswissenschaft diese *Natur-Methode zur Bestimmung des Gesundheitswertes* als unwissenschaftlich abtut und sie deshalb als solche nicht erforscht, sondern lediglich als Methode zur Geschmacksbestimmung akzeptiert, ohne dabei eine Verbindung mit dem ernährungsphysiologischen Wert herzustellen.

»Ungespritzt« ist gesünder

Das bekannteste und populärste Merkmal des ökologisch orientierten Landbaus ist wohl die praktische Nichtverwendung von lebenstötenden und anderen chemischen Substanzen. Wenn keine Agrar-Chemikalien zum Einsatz kommen, wenn zudem von den Nachbarn nichts Schädliches herübergeweht wird und wenn der Boden, das Wasser und die Zukäufe in Ordnung sind, dann können landwirtschaftliche Produkte keine gesundheitsschädlichen Rückstände enthalten. Das leuchtet jedermann ein. Deshalb steht die größere »gesundheitliche Rentabilität« des chemikalienfreien Landbaus in dieser Hinsicht außer Zweifel. Beim Landbau, der »nur ein bißchen schwaches Gift« verwendet, ist das Gesundheitsrisiko durch Schadstoffrückstände in der Nahrung möglicherweise ein wenig höher, aber immer noch niedriger als beim konventionellen.

Kompliziert wird der Sachverhalt erst, wenn behauptet wird,

der Gift verwendende Landbau produziere ebenso unschädliche Lebensmittel wie der giftfreie. Oder wenn es heißt, man könne DDT und andere Biozide als für Menschen unschädlich oder sogar segensreich bezeichnen, weil damit nicht nur landwirtschaftliche Schädlinge, sondern auch Malariamücken vernichtet werden. Dabei wird darauf hingewiesen, daß es heute kaum noch irgendwelche Lebewesen gäbe, die völlig frei von Biozidrückständen seien. Das würde aber bedeuten, daß es keine rückstandsfreie Nahrung mehr gibt, obwohl wir angeblich noch gesund sind...

Diese und andere Einwände ändern nichts an der Tatsache, daß der Biozide und andere Chemikalien verwendende Landbau ein höheres Gesundheitsrisiko darstellt als der ökologisch orientierte. Prof. Gottschewski vom Max Planck-Institut für Immunbiologie in Freiburg/Br. drückte das 1974 so aus:

»Aufgrund von Experimenten, die den heutigen Anforderungen an Testexperimente nicht mehr entsprechen, zu behaupten, daß unsere üblichen Düngemethoden und die gängige Behandlung von Pflanzen, Tieren und ihrer Produkte, die durch chemische Zusätze verändert werden, unschädlich seien, ist unbewiesen und grob fahrlässig.«[84] Er hatte aufgrund eines fünfjährigen Großversuchs mit Kaninchen herausgefunden, daß die *gesundheitliche Qualität des »rückstandsfreien Futters« aus biologischem Anbau zwei anderen, üblichen Futterarten überlegen war:*

- die Anzahl der Lebendgeborenen war höher (weniger Totgeburten);
- die Widerstandskraft der Muttertiere und der Embryonen im Mutterleib war größer (dies könnte man als »bessere Gesundheit« bezeichnen).

Diese Resultate sind aus drei Gründen besonders wichtig:

- Gottschewski testete nicht eine isolierte chemische Substanz, wie es sonst in wirklichkeitsferner Manier in den Labors üblich ist, sondern die ganzheitliche Wirklichkeit von Nahrungsdiäten, in denen die verschiedensten Faktoren zusammenkommen können (Synergismus; eins plus eins kann manchmal mehr als zwei ergeben) und dies über zwei Generationen, also über längere Zeit hinweg. Sowohl über Synergismus als auch über Langzeitwirkungen von Chemikalien in der Nahrung können die Wissenschaftler heute noch fast keine Angaben machen.

- Embryonen sind um ein Vielfaches empfindlicher auf störende Umwelteinflüsse als Föten oder gar Erwachsene. Gottschewskis Methode trägt der besonderen Empfindlichkeit der Nachkommenschaft Rechnung.
- Alle Arten von Säugetierembryonen, folglich auch jene von Menschen, ähneln sich im Frühstadium sehr stark (gleicher stammesgeschichtlicher Ursprung); die Embryonenresultate Gottschewskis dürften deshalb auf den Menschen übertragbar sein.

Ein amerikanischer Arzt, Ben F. Feingold, fand 1974 heraus, daß ständige, unkontrollierte Zufuhr von Nahrungsmittelzusätzen (wie das bei der üblichen Zivilisationskost der Fall ist) bei vielen Kindern zu Hyperkinesien führt: Überaktivität bis zu unkoordinierten Bewegungen, Konzentrationsschwäche, Lernschwierigkeiten, erhöhte emotionale Labilität, gesteigerte Impulsivität bis zur unkontrollierten Aggression, die vor allem bei älteren Kindern auftritt. Er konnte durch Diätwechsel die Symptome »an- und abschalten.«[85] Wenn sich dies so verhält, dann täten wir gut daran, jenen Landbau zu bevorzugen, der alle Zusätze meidet.

Was die von Bioziden angerichteten Schäden am Menschen und seiner Umwelt betrifft, verweisen wir auf die umfangreiche Literatur, angefangen vom weltberühmten Buch von Rachel Carson »Der stumme Frühling« bis zu den Tausenden von seither erschienenen Berichten und Artikeln.[86] Einige wenige Auszüge mögen in diesem Zusammenhang genügen:

- Ein Komitee der Welt-Gesundheits-Organisation schätzte 1972 die Anzahl weltweiter *Vergiftungsfälle* durch Biozide auf eine halbe Million pro Jahr, mit einer Todesrate von 1 % in medizinisch gut versorgten Ländern, die in anderen Ländern höher liegt, und auf insgesamt etwa 9000 *Todesfälle* jährlich. Beispiel: 18 Tote und 318 Vergiftete bei Insektenvertilgungsaktion auf Baumwollplantagen im Nildelta 1976.[87]
- »An erster Stelle im ursächlichen Zusammenhang einer *Krankheit* mit *Insektiziden* stehen Leber- und Gallenleiden, dann folgen Magen- und Darmerkrankungen..., weiter... allergische Hautleiden, Gefäßstörungen, Nervenleiden, ja psy-

choseähnliche Symptombilder... jedes Organ kann befallen werden...«[88]

- »*Ärzte* sind im allgemeinen in Unkenntnis über die weite Verbreitung der Pestizide, über ihre Giftigkeit und die Möglichkeiten ihrer Auswirkungen auf die menschliche Gesundheit.«[89] Ein Grund könnte darin liegen, daß die Symptome oft unspezifisch sind.
- Rückstände von Bioziden in Landesprodukten können auch in den Produkten biologischer Landwirtschaftsbetriebe *unbeabsichtigt* auftreten, z.B. aus folgenden Quellen:
  - Luft (chlorierte Kohlenwasserstoffe sind heute ohnehin vorhanden. Stärkere Konzentrationen können vom Nachbarn, der mit chemischen Mitteln arbeitet, stammen);
  - gekauftes Saatgut (Beizmittel);
  - gekaufter organischer Dünger (z.B. Wollabfälle, Federn, Hühnermist; im letzteren erfolgt allerdings rasche Zersetzung);
  - gekaufte Futtermittel (z.B. Eiweißkonzentrat aus Übersee etc.);
  - Tierarzneimittel (Bekämpfung der Dasselfliege u.a.);
  - Lacke und Plastik (PCB-Verdunstung).[90]
- Die offiziellen *Toleranzgrenzen* einzelner Schadstoffe sind zur Beurteilung der Gesamtwirkung der Schadstoffe (Landwirtschaft, Verkehr, Industrie, Haushalte) auf die Umwelt und die menschliche Gesundheit sinnlos. Staat und Gesellschaft stehen dem ganzen Begiftungsexperiment der Biosphäre hilflos gegenüber, und ergreifen ebenso hilflose »Gegenmaßnahmen«. »Die Wirkung auf den gesamten Topos ist als *informatorische Systemstörung* zu betrachten...«, schreibt Prof. Kickuth.[91]
- Die *ökologischen Schäden* der Biozide sind verheerend. »Rachel Carson hat uns den stummen Frühling prophezeit; der leise Frühling hat bereits Einzug gehalten«, schreibt Dr. Berthold von der Vogelwarte Radolfzell.[92] Gegenwärtig stirbt ungefähr jedes Jahr eine Wirbeltierart aus.[93] Von ursprünglich ca. 250 Pflanzenarten im Umkreis eines Ackers sind nur noch ca. 50 vorhanden, hauptsächlich wegen der Herbizide. Durch den Entzug der geeigneten Pflanzen, durch direkte Vergiftung und andere »zivilisatorische« Einflüsse sind die Schmetterlinge,

Käfer, Vogelarten und Kleintiere innerhalb von zwei Jahrzehnten überaus drastisch zurückgegangen. Dieses Massensterben schließt auch die für die menschliche Nahrungsversorgung unentbehrlichen Bienen und anderen Blütenbestäuber nicht aus: 1950 gab es in der BRD 137760 Bienenvölker, 1970 noch 57034! »Seveso findet auch auf den Feldern statt«, schreibt die schweizerische Bio-Farm-Genossenschaft. Aber auch die Gewässer werden nicht verschont: Biozidvergiftungen von Fischen sind relativ häufig, und ein Forscher fand heraus, daß die jetzt allgegenwärtigen Chlorkohlenwasserstoffe die Zellteilungsgeschwindigkeit des pflanzlichen, sauerstoffproduzierenden Planktons des Meeres verlangsamen.[94]

- Durch die *Nahrungskette* (»groß frißt klein«) können Biozidkonzentrationen um das Zehntausendfache und mehr in den größeren Organismen (also auch im Menschen) angereichert werden. Vegetarier kommen deshalb besser weg. Ein Beispiel aus Rachel Carsons Buch: Der TDE-Gehalt im Wasser des Clear Lake in Californien beträgt 0,02 ppm, im Plankton 5 ppm, in den Fischen dieses Sees aber 100–1000 ppm; die Tauchvögel, die von diesen Fischen aßen, starben alle. Das Ziel der Bekämpfungsaktion, die Mücken, wurden jedoch nicht ausgerottet, denn die Mücken vermehrten sich rasch wieder! An diesem Beispiel wird ein langfristiger Schaden der Biozide sichtbar: sie rotten die Nützlinge aus, und machen die Schädlinge resistent, wodurch sie per Saldo die Schädlinge vermehren!
- Da viele Biozide sich besonders im Fett anreichern, und *Menschenmilch* sehr fettreich ist, enthält sie in unseren Breiten Biozidrückstände, die weit über den offiziellen Toleranzgrenzen für Kuhmilch liegen. Eine amtliche Untersuchung bei gesunden Müttern im Frauenspital Basel-Stadt ermittelte 1975 das ca. 40fache der Toleranzwerte. In München verhielt es sich ähnlich. Im ländlichen Bayern zeigten sich 1973/74 ebenfalls beunruhigende Resultate: danach nahmen die Säuglinge mit der Muttermilch täglich eine Menge DDT auf, die einer 6–16fachen Überschreitung des für Erwachsene als noch vertretbar angesehenen Grenzwertes entsprach, abgesehen von den anderen Bioziden in der Milch.[95] Die in Osteuropa festge-

stellten Konzentrationen sollen noch höher sein. Die gleiche Schreckensbotschaft kommt von Aubert aus Frankreich.[96] Aubert weist nach, daß die Biozidbelastung der Muttermilch um so geringer war, je mehr biologisch gezogene Nahrung die betreffenden Frauen zu sich nahmen!

Es gäbe noch viel zu berichten. Gibt es noch Zweifel, daß »ungespritzt« gesünder und verantwortlicher ist?

Verbot der Biozide?

Könnte man die Biozide ohne größere Folgen für die Nahrungsversorgung verbieten? Einzelne Mittel mit Langzeitwirkung sind schon verboten worden. Wie wäre es aber mit einem totalen Verbot? Die Manager der Agrarchemie und ihr Gefolge würden sich natürlich dagegen wehren.

Professor David Pimentel von der landwirtschaftlichen Fakultät der New Yorker Universität Cornell rechnete 1973 aus, daß ein völliges Aufhören aller Biozid-Anwendungen in der USA-Landwirtschaft die jährlichen Ernteverluste um nur ca. 7 % erhöhen würde. Da die USA sowieso jährliche Agrarüberschüsse von ca. 10 % haben, hätte der Verlust von 7 % auf die Landesversorgung keinen Einfluß. Aber wegen des Minderangebotes bei einigen Produkten würden dadurch die Farmpreise um ca. 28 %, die Einzelhandelspreise um ca. 9 % steigen. Die Farmer würden dann wahrscheinlich jene Produkte vermehrt anbauen, die für höhere Preise verkauft würden, wodurch aber die angebotene Menge vergrößert und die Preise wieder vermindert würden. Zudem würden die in der biologischen Landwirtschaft geübten Praktiken wie Fruchtfolgen, Unterpflügen von Ernteresten, Auswahl resistenter Sorten, bessere Standortwahl, biologische Schädlingsbekämpfung, Förderung der Nützlinge, zusammen mit genügender Aufklärung der Konsumenten bewirken, daß das ganze sogenannte Schädlingsproblem auf minimale Proportionen reduziert und die vorübergehende Minderproduktion im großen und ganzen wieder ausgeglichen würde. Vielleicht wäre dies bei einigen anfälligen

Sorten nicht der Fall, für die folglich durch Forschung ein resistenter Ersatz gefunden werden müßte.

Pimentel wies damit (und mit weiteren interessanten Einzelheiten) nach, daß die *landwirtschaftliche Produktivität der USA keineswegs vom Gebrauch von Bioziden abhängig ist.*

Der »Kunstdüngereffekt«

Der Gesundheitswert, resp. die »innere«, ernährungsphysiologische Qualität einer Pflanze wird nicht nur von den Fremdstoffrückständen, sondern vielmehr auch von anderen Faktoren beeinflußt. Dazu gehören:

- Ernährung (aus Boden, Wasser, Luft, Sonnenlicht, Düngung)
- Klimaeinflüsse (Temperatur, Besonnung, Feuchtigkeit, Wetterrhythmen)
- Erbmasse (die in den Zellkernen gespeicherte genetische Information, verschieden je nach Individuum, Sorte, Art usw.)
- Behandlung durch Menschen und Tiere, Nachbarpflanzen, Parasiten, Symbionten etc.

Was für eine Pflanze gilt, gilt mit wenigen Änderungen (Fütterung statt Düngung etc.) und Ergänzungen (z.B. Bewegung) auch für den tierischen Organismus.

Viele Einflußfaktoren aus diesem verflochtenen Bündel zeigen sich im konventionellen wie im biologischen Landbau. Verschieden hingegen sind vor allem die vom Menschen ausgehenden Einflußfaktoren, und darunter ist besonders die Düngung zu erwähnen, der bei den Tieren die Ernährung entspricht, was wiederum mit der Düngung der Futterpflanzen zusammenhängt. Welche Düngung schafft nun bei Pflanzen und Tieren jene Bedingungen, die dann den Menschen gesündere Lebensmittel gewährleistet?

Die beste Methode, um dies festzustellen, böte sich mit Versuchen am Menschen an; als Ersatz eventuell an Säugetieren. Während der Kriegsjahre stellte Prof. Schuphan Ernährungsexperimente mit Säuglingen an, die verschieden gedüngtes Gemüse aßen.[97] Dieses wurde mit Stallmist und mit einer Mischung aus Stallmist und chemischem Mineraldünger (»NPK«) gedüngt. Dabei zeigte sich, daß die Ernährung mit stallmistgedüngtem Gemüse für die Säuglinge bekömmlicher war.

Auch aus anderen Quellen ist bekannt, daß hohe Zugaben von chemischem *NPK-Dünger* z.B. zur Folge haben, daß *überhöhte, unerwünschte Nitratgehalte* in den Gemüsen auftreten. Nitrate bauen sich bei Erhitzung und durch Mikrobeneinwirkung zu Nitriten ab, die bei Säuglingen giftig wirken können. Todesfälle von Säuglingen infolge von Nitriteinwirkung nach Genuß von erhitztem nitratreichen Spinat sind schon eingetreten; bei Erwachsenen wirkt sich der hohe Nitratgehalt eher in Form einer Verdauungsbeschwerde aus. Unter den Gemüsen können besonders die Kohlgewächse und die Gänsefußgewächse hohe Nitratmengen speichern, und zwar vor allem in den Strünken und den Blattrippen, weniger in den Blättern selber.

Der vielen Hausfrauen bekannte, durchdringende »Kohlgestank« beim Erhitzen dürfte auf die gleiche Ursache zurückzuführen sein wie hohe Nitrat/Nitrit-Gehalte: *übermäßige Stickstoffdüngung.* Diese *ist bei Verwendung von wasserlöslichem Kunstdünger beim Anbau von Nahrungspflanzen schwer zu vermeiden.* Wer hingegen Erfahrungen mit kompostgedüngtem Kohl hat, weiß, daß dieser »biologische« Kohl beim Erhitzen nicht stinkt, weniger stark in der Pfanne zerfällt, überhaupt besser schmeckt und in frischem Zustand länger haltbar ist.

Minderung im Geschmack und in der Haltbarkeit dürfte für fast alle Nahrungspflanzen typisch sein, die hohe N-Düngerzugaben erhalten haben. Bei Äpfeln und anderen Früchten sowie Gemüsen untersuchte u.a. Stoll die Wirkung erhöhter Stickstoffdüngung.[98] Bei Äpfeln fand er heraus: Verzögerung der Reife, mangelhafte Färbung außen und innen, weiches Fleisch, verminderte Lagerfähigkeit, größere Anfälligkeit für Fäulnis, für Stippigkeit (Flecken) und vorzeitige Fleischbräune, verminderter Geschmack. Solche Äpfel kann man nicht als gesünder bezeichnen, aber die gewichtsmäßigen Erträge werden durch die Überdüngung höher! Dies dürfte der Grund sein, warum es immer wieder zu N-Überdüngungen kommt. Einige weitere Zusammenhänge sind in der Figur 2 (S. 105) dargestellt: N-Überdüngung führt nämlich auch zu erhöhtem Schädlingsbefall.

Man hört den Einwand, überdüngt werden könne auch mit biolo-

Figur 2:
Stickstoff-Über- und -Unterdüngung

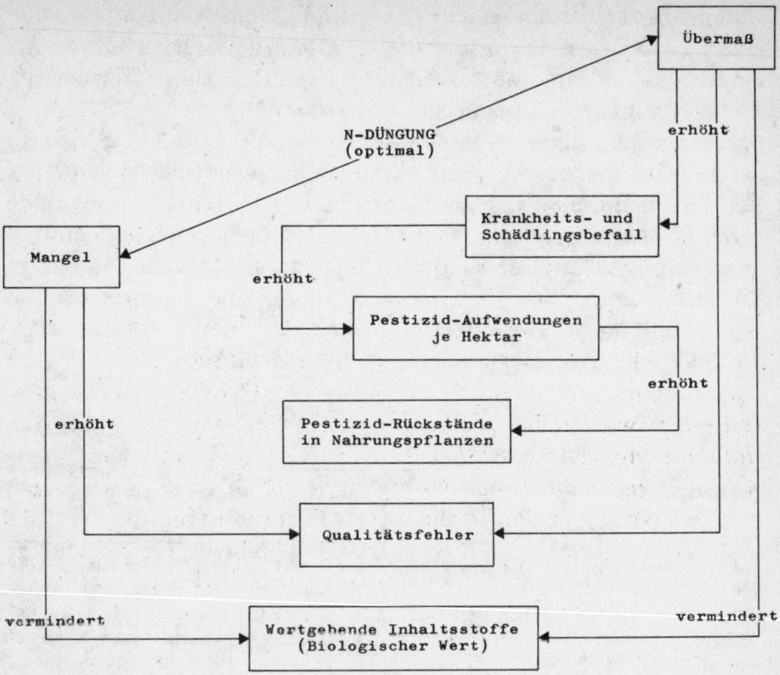

(nach W. Schuphan)[99]

gischen Methoden, resp. mit organischen Düngstoffen; Stickstoff sei Stickstoff. Also habe der ökologische Landbau hier keinen Pluspunkt. Was stimmt nun?

Der Einwand ist teilweise richtig, teilweise falsch. Richtig ist: nicht alle organischen Substanzen sind ökologisch einwandfrei. In der Gülle z.B. hat es tatsächlich viele wasserlösliche Nährstoffe, die von der Pflanze direkt aufgenommen werden, so daß es leicht zu Überdüngungen kommen kann. Hingegen ist dies z.B. mit reifem Mistkompost fast ausgeschlossen, denn der Stickstoff befindet sich darin zu mindestens 99 % in wasserunlöslicher Form[100] und ist stets gemischt mit vielem anderen vorhanden. Der Einwand ist insofern falsch, wenn behauptet wird, daß organischer und anorganischer Stickstoff in der Wirkung auf Pflanze und Boden dasselbe sei. Hier lassen sich beträchtliche Unterschiede feststellen (abgesehen von der Wasserlöslichkeit). »Ein kg Rein-N auf organischer Basis – z. B. Hornmehl – leistet mindestens doppelt so viel wie ein kg Rein-N auf mineralischer Basis.«[101] Ähnliches gilt für andere Pflanzennährstoffe organischer Herkunft.[102]

Für die Pflanze ist es wesentlich, daß sie neben N gleichzeitig auch noch andere Nähr-, Spuren- und Vitalstoffe bekommt, wie es bei der organischen Düngung der Fall ist. Als *unökologisch muß man die einseitige, wasserlösliche Düngung* bezeichnen, und in zweiter Linie die einseitige, aber nicht wasserlösliche Düngung. Diese Zusammenhänge zwischen Düngung und Pflanzengesundheit, somit auch Tier- und Menschengesundheit, sind wichtig, weshalb auf diese hier nochmals hingewiesen sei.

Figur 3:
Pflanzen Ernährung und -gesundheit

Natürliche Ernährung der Pflanze	Übliche künstliche Ernährung der Pflanze mit NPK
Im Humus des Bodens befinden sich Dutzende von organisch gebundenen Nähr- und Vitalstoffen. Sie sind in ständiger Umformung durch Bodenlebewesen und Pflanzenwurzeln. Pflanze nimmt davon auf, was sie braucht, je nach Tageslauf, Temperatur, Besonnung, Feuchtigkeit, Entwicklungsphase, etc. System »Selbstbedienungsladen«, funktioniert seit einigen Milliarden Jahren: *harmonische Zusammensetzung des Pflanzenkörpers, gesunde Pflanze.*	Plötzliche Überschwemmung des Wurzelraums der Pflanze mit hohen Konzentrationen von wenigen wasserlöslichen Nährstoffen. Pflanze kann sich gegen diese Vergewaltigung nicht wehren (Zwangsosmose), bekommt zuviel von einigen, zuwenig von anderen Stoffen. Stoffwechsel (Gesundheit) gestört. Ähnliches Resultat wie bei Masttieren und Industriemenschen: *dick, fehlernährt und anfällig.*

Ökologisch orientierte Düngung

mit Kompost, Mist, Gründüngung, Ernteresten, Mulch, Stein- und Algenmehl. Ahmt natürliche Vorgänge nach, d. h. indirekte, vielfältige, organische Düngung über Bodenlebewesen. Vermehrt Humus und Nährstoffharmonie; gebraucht keine oder sehr sparsam wasserlösliche organische Düngemittel. *Wirkung ähnlich wie natürliche Pflanzenernährung.* Vorbehalt: ein Zuviel an Gülle, oder Kalimagnesia, oder Holzasche etc. ist nicht mehr ökologisch orientiert.

Man spricht vom Überdüngungseffekt in der Nahrung. Da bei der NPK-Düngung, die einer brutalen Holzhammermethode gleicht, Überdüngung typisch ist, wäre es vielleicht didaktisch richtiger, von *Kunstdüngereffekt* zu reden. Oder müßte man, in Anbetracht des höheren Wassergehaltes so vieler kunstgedüngter Produkte (siehe Kapitel »Flächenerträge mit und ohne Wasser«, S. 57) von einem »Wasserkopfeffekt« sprechen?

Wir sprachen bisher nur vom Nitrat/Nitrit, vom überhöhten Wassergehalt und von gesundheitlichen Gesamtwirkungen der mit NPK-Dünger gezogenen Nahrungspflanzen. *Die schädlichen Veränderungen des Stoffwechsels durch NPK-Düngung erstrecken sich aber auf weitere Inhaltsstoffe der einseitig gedüngten Pflanze.* Im bereits erwähnten zwölfjährigen Vergleich fand Schuphan die folgenden Resultate:[103]

a) *Mehr*gehalte an *erwünschten,* wertgebenden Pflanzeninhaltsstoffen bei organischer Düngung, im Vergleich zu chemischer Mineraldüngung (letztere = 100):

– Trockensubstanz	+ 23 %
– relativer Eiweißgehalt	+ 18 %
– Vitamin C	+ 28 %
– Gesamtzucker	+ 19 %
– Methionin	+ 23 %
Mineralstoffe:	
– Kalium	+ 18 %
– Kalzium	+ 10 %
– Phosphor	+ 13 %
– Eisen	+ 77 %

b) *Minder*gehalte an *unerwünschten* Inhalts- und/oder Schadstoffen bei organischer Düngung; Vergleich wie oben:

– Nitrat-N	minus 93 %
– freie Aminosäuren	minus 42 %
– Natrium	minus 12 %

c) *Maximum an unerwünschtem Nitrat-N:* bei Mischdüngung NPK + organisch (der Kunstdüngereffekt war also immer da; Kompromisse sind nicht möglich).

Ebenfalls *eine bessere Nahrungsqualität mittels biologischem Anbau* wurde bei einem Fünfjahresversuch in Schweden festgestellt. Der Versuch begann 1971 und wurde von der Landwirtschaftlichen Hochschule Uppsala und dem Skandinavischen biodynamischen Forschungsring Järna durchgeführt.[104]

Das wichtigste Lebensmittel

Trinkwasser wird als das wichtigste Lebensmittel angesehen. Zu einem großen Teil wird es dem Grundwasser entnommen. Während in den letzten Jahrzehnten die zunehmende Verschmutzung der Oberflächengewässer von jedermann gesehen und erlebt werden konnte, vollzog sich die Verschmutzung der lebenswichtigen Wasservorräte im Boden kaum bemerkt von der Öffentlichkeit. Die daraus erwachsenden Gefahren für die Gesundheit von Mensch, Tier und Pflanze beginnt man erst abzuschätzen. Sie dürften sich mit Sicherheit langfristig auswirken. Gelegentlich vernimmt man auch von akuten Verseuchungen. Eine verstärkte technische Aufbereitung des verschmutzten Grundwassers wäre kein Ersatz für saubere Wasserlager im Boden, denn sie kann nicht alle Fremdsubstanzen entfernen und ist teuer.

Der Landbau »leistet« den größten Teil an die Grundwasserverschmutzung: Biozide, Nitratdünger (besonders Salpeterstickstoff), Jauche, Mistwasser, Silosickerwasser sind die Hauptquellen für die Verschmutzung, da sie immer wieder und auf riesigen Flächen auftreten. Wohl haben der lebendige Boden und der Untergrund eine natürliche Reinigungskraft. Aber diese wird durch ständige Überbeanspruchung vermindert. Aus der Sicht der Hüter unseres wichtigsten Nahrungsmittels kommt also die übliche Landwirtschaft einem dauernden, und deshalb besonders gefährlichen Verschmutzungsherd gleich. Trotzdem nehmen die Wasserwirtschaftsämter noch kaum zur Kenntnis, daß *der ökologisch orientierte Landbau* infolge Nichtverwendung von Bioziden und wasserlöslichen Stickstoffdüngern und wegen seines Bemühens um organische Bindung des Stickstoffs (Kompostherstellung, Güllebelüftung,

Gründüngung) *wesentlich gewässer- und trinkwasserfreundlicher arbeitet als der übliche.*

Daß und warum die Überdüngungstendenz im konventionellen Landbau bedeutend größer ist, haben wir bereits gezeigt. Die Stickstoffauswaschung aus überschüssigem Dünger im Gefolge des Wunsches nach Höchsterträgen dürfte in der Tat die verbreitetste, aus dem Landbau stammende Gefährdung des Grundwassers sein. Sie kann zu übermäßigen Nitratkonzentrationen im Trinkwasser führen. Durch die Einwirkung von Hitze und Bakterien kann aus Nitrat das giftige Nitrit entstehen, welches das Bluteisen oxydiert und besonders bei Kleinkindern unter vier Jahren zu Blausucht und zu Nervenschädigungen führen kann. Ferner hat man herausgefunden, daß ein Zusammenhang zwischen übermäßigen Dosen von Nitrat und Magenkrebs bestehen kann, mittels der Bildung von krebserregenden Nitrosaminen im Körper. Mit Nitrat angereichertes Wasser greift die Wasserleitungen an und erzeugt dabei nicht nur Rost im Trinkwasser, sondern löst auch Schwermetalle wie Zink, Blei, Kadmium, die in hohen Dosen giftig sind. Ein aufregender Fall von »rotem Trinkwasser« ergab sich in Münsingen im Kanton Bern, Schweiz, im Januar 1977. Im Juni 1978 gab es ähnliche Aufregung im Breisgau und Hochschwarzwald, als in elf Gemeinden Nitratgehalte von 38 bis 138 mg/l im Trinkwasser gemessen und das staatliche Gesundheitsamt in Müllheim die jungen Mütter davor warnen ließ, Säuglingsnahrung aus diesem Leitungswasser zuzubereiten.

Es gibt zur Beachtung empfohlene offizielle Schwellenwerte für Nitrat im Trinkwasser. Die einen Wissenschafter sehen 20 mg/l für Säuglinge bereits als oberste Grenze an, eine europäische Norm jedoch erst 100 mg/l! Die Regierungen wissen in solchen Fällen nicht, woran sie sich halten sollen; die Beamten geben den Bauern die Empfehlung, »gezielt und genau« die Dünger zu dosieren, können aber nicht konkret sagen, was das im Einzelfall heißen soll, und sie haben auch keine rechtliche Handhabe, um die Überdüngungen zu verhindern. Die Bauern hingegen streiten ihre Schuld gerne ab, und alles endet meistens in allgemeiner Hilflosigkeit gegenüber dem Problem.

Man kann sich fragen, was für die menschliche Gesundheit unmittelbar nachteiliger wirkt:

- Schadstoffrückstände in der Nahrung infolge Verwendung von Bioziden, Hormonen, Antibiotika usw. oder
- wertmindernde Veränderungen in der Nahrung infolge einseitiger Düngung (Pflanzen), resp. Ernährung (Tiere, Menschen).

Möglicherweise sind die Schäden der zweiten Art die wichtigere Ursache für die heute grassierenden Zivilisationskrankheiten, die galoppierende Kostenexplosion im Spital- und Krankenwesen und die wieder sinkende Lebenserwartung. In der Praxis wirken diese beiden Ursachen zusammen. Hinzu kommen weitere, wie die nachträgliche Zerstörung der Nahrungsmittelqualität durch Verarbeitung und Erhitzung, ferner Luftverschmutzung, Bewegungsmangel, Zigaretten, Alkohol, Medikamente, Kosmetika usw. Die meisten Ursachen haben eine langsame Vergiftung und Fehlsteuerung des Organismus zur Folge.

Daß im Wirkungszusammenhang der Gesundheits- und Krankheitsursachen die Ernährung (und damit auch die Ernährung der Lebensmittel, als sie noch in Pflanzen und in Tieren enthalten waren) eine entscheidende Rolle spielt, beweisen die Versuche mit verschiedenen Ernährungsweisen. Prägnanter drückte es A. Voisin aus: »Unsere landwirtschaftlichen Methoden bestimmen die Gesundheit des Menschen.« Wir haben uns bisher vorwiegend mit den kurzfristigen Wirkungen befaßt; aber wie steht es mit der *langfristigen* »gesundheitlichen Rentabilität« der konventionellen und der alternativen Landbaumethoden?

Die Professoren Ähnelt und Hahn von der Tierärztlichen Hochschule Hannover berichteten 1973 über sehr unterschiedliche Samenqualität von Stieren zweier Besamungsstationen, je nach Düngung des Futters.[105] Der eine Betrieb düngte seine Weiden intensiv mit Mineraldüngergaben, die von einem Fachinstitut aufgrund von Bodenanalysen genau errechnet worden waren (NPK plus Spurenelemente, was nach der offiziellen Düngerlehre eine »ausgeglichene« Düngung war!). Der andere Betrieb düngte vorwiegend mit Mistkompost. *Die Vatertiere des Kompostbetriebes wiesen eindeutig einen besseren Samen auf und waren viel weniger häufig unfruchtbar.* Der Unterschied war besonders groß in der Sommerzeit, als die Tiere weideten. Im Winter konnte man den Unterschied immer noch feststellen, er war jedoch viel kleiner, weil die Tiere beider Stationen neben betriebseigenem Heu Zusätze von kräuterreichem, magerem Bergheu sowie vielseitig zusammengesetztes Kraftfutter (Kleie etc.) erhielten.

Über Gottschewskis fünfjährigen Kaninchenversuch mit zwei konventionellen und einer biologischen Futterdiät berichteten wir weiter oben (siehe S. 98ff.). Das dort »rückstandsfrei« genannte Futter war mit Kompost und organischem Material gedüngt worden. *Embryonen und Muttertiere, die biologisch gefüttert wurden, erwiesen sich als wesentlich widerstandsfähiger; die Überlebenschancen dieser Jungtiere waren weitaus größer.*

Auch Ähnelt und Hahn führten Fütterungsversuche bei Kaninchen mit unterschiedlich gedüngtem Heu durch. Die eine Wiese war jahrelang nicht gedüngt worden, die andere, 500 m weiter weg gelegen, war intensiv mit NPK sowie Jauche und Stallmist behandelt worden (wobei viele Kräuterarten aus der Intensivwiese verschwanden). *Die Fortpflanzungsorgane der mit Intensivheu gefütterten Kaninchen zeigten bald Deformationen und Funktionsstörungen,* im Gegensatz zu den Tieren, die kräuterreiches, ungedüngtes Heu erhielten.[106] Ähnliche Befunde erhielten Schiller und Mitarbeiter in Linz: *die Gebärmutter der Gruppe »intensiv« schrumpfte auf die Hälfte zusammen,* die der Gruppe »extensiv« blieb normal.[107]

Prof. Bakels, München, berichtete von *Verschlechterung der Milchqualität nach Ausbringung von mineralischem Stickstoff auf die Weide* (Leukozyten, Anzeichen eines beginnenden Euterkatarrhs).[108] Dieser Effekt konnte durch Benutzen oder Nichtbenutzen der Stickstoffweide gesteuert werden.

All diese Versuche deuten darauf hin, daß die *tierischen Zellgewebe, die der Fortpflanzung dienen, durch konventionell-einseitig gedüngte Pflanzennahrung rasch geschädigt werden, was für die nächste Generation nicht ohne negative Folgen sein kann.*

Fütterungsversuche über *mehrere Generationen* von Ratten und Katzen hinweg bewiesen, daß die erste Generation (Erwachsene) bei schlechter Ernährung einigermaßen über die Runden kommen kann; die zweite wies bereits *Knochendeformationen* auf, bei der dritten zeigten sich noch größere Deformationen, und *mit der vierten begann das Aussterben.*[109] Die Nahrung, welche die eine Gruppe dieser Experimentier-Ratten und -Katzen bekam, war zwar nicht durch intensive Mineraldüngung, sondern durch Erhitzen etc. denaturiert worden, doch der Vorgang bleibt im Prinzip auch hier der gleiche: Entfernung vom Natürlichen, Ursprünglichen macht krank und führt zu Degenerationen, sogar zum Aussterben, wenn die einseitige Ernährung über Generationen weitergeführt wird.

Die Frage nach den gesundheitlichen Langzeitwirkungen der *konventionellen Landwirtschaftsmethoden* hat damit eine erste Antwort erhalten: diese Methoden *führen wahrscheinlich nicht nur zur Degeneration der Ökosysteme, sondern auch zur Degeneration der davon betroffenen Pflanzen- und Tierarten, einschließlich der Art »Mensch«.*

Unsere Enkel werden darüber mehr wissen als wir.

6. Zusammenfassung und Schlußwort

Erzeugung und Herstellung von Nahrung interessieren uns alle, denn wir müssen essen. Aber hinter dieser Binsenwahrheit steckt noch viel mehr. Die Art der Nahrungserzeugung hat direkte Auswirkungen auf unsere Gesundheit, auf unsere Landschaft und ihren Erholungswert, auf Überleben und Aussterben der freilebenden Tier- und Pflanzenwelt, auf die Qualität der natürlichen Umwelt überhaupt, auf die Gesundheit unserer Nachkommen, auf die heutige und zukünftige soziale Lage vieler Menschen, auf den Grad der Selbstversorgung eines Landes mit Nahrung, Energie und Hilfsstoffen usw. Diese Zusammenhänge muß man sehen, um zu begreifen, welche Bedeutung der Urproduktion zukommt und wie stark wir von ihr abhängig, aber auch für sie verantwortlich sind.

Dies zu erkennen fällt meist sehr schwer. In vergangenen Jahrhunderten war das leichter; denn die Staaten waren Agrarstaaten. Landwirtschaft, Natur waren allgegenwärtig und jedermann bekannt. Heute ist das wirtschaftliche und soziale Leben so arbeitsteilig geworden, jeder hat sich in seiner meist städtischen Tätigkeit so spezialisiert und so von anderen Tätigkeiten getrennt, daß der Blick für das Ganze bei den meisten verlorengegangen ist. Jeder weiß immer mehr über immer weniger und hat es meist längst aufgegeben, sich über die vielen anderen Lebensbereiche zu informieren. Deshalb kann er sich auch kaum für diese verantwortlich fühlen. Von da ist der Schritt zur Verständnislosigkeit und zur Verantwortungslosigkeit gegenüber anderen Lebensbereichen nur noch klein. Es dominiert kurzsichtiges und kurzfristiges Denken, das zudem meist auf das Materielle und Technisch-Betriebswirtschaftliche beschränkt ist.

Diese Entwicklung hat auch die Urproduktion ergriffen, wenn

auch später als andere Bereiche. Sie begann sich zu »modernisieren«, d.h. immer stärker nur noch technisch, betriebswirtschaftlich und industriell zu denken und zu handeln. Diese kurzfristig-materialistische und damit auf Teilaspekte begrenzte Orientierung oder Einstellung ist heute in Forschung, Lehre und Praxis der Landwirtschaft vorherrschend; sie ist das Übliche, das Konventionelle geworden. Welche Konsequenzen dies für die erwähnten Grundlagen jeglicher Gesundheit aller Lebewesen hat, ist jedoch viel zu wenig bekannt. Diese Konsequenzen vor Augen zu führen und gleichzeitig einen besseren Weg, also die Möglichkeit eines alternativen Landbaus aufzuzeigen, ist der Zweck unserer Ausführungen.

Das Hauptcharakteristikum der aufgezeigten landwirtschaftlichen Alternative ist die verständnisvolle Rücksichtnahme auf die Natur bei der gesamten Planung und Arbeit, oder, wem dies zu wenig nüchtern tönt, die ökologische, langfristige Orientierung. Diese Orientierung begreift den Menschen als Lebewesen unter anderen, die ein gleiches Recht auf Leben haben wie dieser.

Aus dieser andersartigen (alternativen) Einstellung heraus erwächst ein anderes System des Wirtschaftens mit Pflanzen und Tieren. Das ist nicht einfach eine Rückkehr in frühere Zeiten, denn auch früher hat man es, wenn auch nur mit bescheidenen technischen Mitteln, fertiggebracht, aus fruchtbaren Regionen Steppen und Wüsten zu machen. Es geht hier vielmehr um eine Besinnung auf die zeitlosen Gesetze des Lebens. Da die Lehre vom körperlich-organischen Leben in der Wissenschaft Biologie heißt, spricht man auch von biologischer Landwirtschaft.

Beide Arten von Landwirtschaft existieren seit Jahrzehnten Seite an Seite; beide sind machbar. Es gibt in der Praxis »reine« Ausprägungen und Mischformen. Nicht alles, was in der Landwirtschaft konventionell ist, ist schlecht, und nicht alles, was sich biologisch oder ökologisch nennt, ist gut. In der Grundtendenz jedoch schaufelt sich der konventionelle, industrialisierte Landbau selbst das Grab, während dem ökologischen die Zukunft gehört. Der Hauptgrund, für denkende Menschen ohne weiteres verständlich, ist der, daß der konventionelle Landbau so kurzfristig auf Produktions- und Gewinnmaximierung angelegt ist, daß er vom Kapital zehrt und die schädlichen Nebenwirkungen auf die

Allgemeinheit abwälzt. Dies ist um so mehr der Fall, je »effizienter« er ist, soweit diese Effizienz auf Kapitalintensität und Spezialisierung beruht. Die Existenzdauer dieser Landwirtschaft, so wie jeder derartigen wirtschaftlichen Tätigkeit, hängt davon ab, wie lange die Öffentlichkeit den Verbrauch ihres natürlichen Kapitals und die Vergrößerung der Schäden an wesentlichen Volksgütern hinnehmen will.

Zum Kapital, das von der konventionellen Landwirtschaft auf bedenkliche Weise verbraucht wird, gehören (in Klammern die Art der Schäden):

- im Boden: der Humusgehalt, die pflanzenfreundliche Krümelstruktur (→ Bodendegradierung und -erosion)
- in der Landwirtschaft: die stabilisierende Vielfalt und ihr Erholungswert; freilebende Tier- und Pflanzenarten und ihre Biotope (→ Landschaftsverarmung und Ausrottung)
- bei den Nutztieren und -pflanzen: deren Gesundheit, Widerstandsfähigkeit, Fruchtbarkeit und innere Qualität (→ einseitige Ernährung und Haltung, dadurch längerfristig Degeneration), sowie die Zahl ihrer Arten und Sorten (→ genetische Verarmung)
- bei den Betriebsmitteln: die nicht erneuerbaren Ressourcen, wie z. B. Erdöl, Phosphate, Kalisalze (→ verschwenderischer Abbau und Feinzerstreuung in der Biosphäre, Verschmutzung)
- bei den Menschen: die Gesundheit, die Naturverbundenheit (→ mangelhafte innere Qualität der Urprodukte, Technisierung als Ziel per se, Belastung durch schädlichen Einsatz von Chemikalien, Naturentfremdung, Verstädterung).

Damit ist auch der Großteil der schädlichen Nebenwirkungen der industrialisierten Landwirtschaft genannt, die auf die Öffentlichkeit abgewälzt werden. Hinzu kommen noch: größere Verschmutzung der Gewässer durch wasserlösliche Düngesalze und Frischjauche[110], und wie man neuestens befürchtet: Gefährdung des Ozon-Schutzschildes der Atmosphäre durch Stickstoff-Kunstdünger (die Ozonschicht in der oberen Atmosphäre absorbiert schädliche Ultraviolettstrahlen der Sonne. Man vermutet, daß Stickstoffoxide, die aus den Stickstoffdüngern stammen, bereits zum Abbau der Ozonschicht beitragen).

Wir zeigten, daß der alternative, ökologisch orientierte Landbau in fast all diesen Punkten schon heute besser abschneidet. Seine volkswirtschaftliche, energetische, ökologische und gesundheitliche Rentabilität ist größer. Er ist es also, der im öffentlichen Interesse liegt. Sicher könnte er noch verbessert werden: seine bisherigen Erfolge hat er ohne nennenswerte offizielle Forschung oder Unterstützung errungen.

Wie steht es bei den rein betriebswirtschaftlichen, kurzfristigen Aspekten, denen der konventionelle Landbau sich verschrieben hat? Paradoxerweise schneidet der biologische Landbau auch hier tendenzmäßig eher besser ab! Allerdings dürfte bei konkreten Vergleichen die Qualität des Betriebsleiters neben den strukturellen Faktoren den Ausschlag geben. Zudem muß man festhalten, daß es stets möglich ist, durch rücksichtslosen Raubbau am Naturkapital kurzfristig betriebswirtschaftliche Spitzenleistungen zu erzielen und diese mittels hohem Kapitaleinsatz und Übertünchungsmaßnahmen relativ viele Jahre lang durchzuhalten. Die Erfahrung lehrt, daß die Natur diese ausbeuterische Wirtschaftsweise einige Zeit lang zuläßt, sozusagen als Zeichen ihres Langmutes. In unseren Breiten ist dieser Langmut besonders groß, im Gegensatz zu den Tropen.

Gleichzeitig aber gilt das geflügelte Wort: die Natur gibt immer Kredit, aber sie vergißt nie, Rechnung zu stellen. Der alternative Landbau ist bemüht, von den Zinsen zu leben und das Kapital zu mehren, damit jene fatale Abrechnung nie eintreten muß.

Es gibt vieles, das der einzelne und seine Familie trotz vorwiegend städtischer Lebensweise tun können, um den alternativen Landbau zu fördern und selber davon zu profitieren, wie folgende Beispiele zeigen:

- Bei jeder sich bietenden Gelegenheit, privat und öffentlich darauf hinweisen, daß es umweltfreundliche und umweltschädliche Landnutzung und Urproduktion gibt, und den Unterschied erklären.[111]
- Darauf hinweisen, daß gerade die deutschsprachigen Länder und Europa allgemein eine Struktur haben, die gekennzeichnet ist durch den Mangel an eigenen Rohstoffen und an Energiepotential. Hingegen gibt es hier große Bevölkerungen mit hohem Anspruchsniveau, woraus Abhängigkeit von außereuro-

päischen Rohstoff- und Energiequellen entsteht. Da wäre es vernünftig, wenigstens die eigene Ernährungs- und Gesundheitsbasis langfristig ohne fremde Rohstoff- und Energiezuführungen, und mit etwas mehr landwirtschaftlich Beschäftigten als heute, samt einer vielfältigen, harmonischen Landschaft sicherzustellen. Dies ist aber ohne einen ökologisch orientierten Landbau und die sorgfältige Wiederverwendung aller organischen Abfälle nicht möglich.

- Sich einsetzen für eine immer umfassendere Ausrichtung der Landwirtschaftspolitik nach Natur- und Landschaftsschutzzielen. Im alternativen Landbau besteht diese Symbiose bereits.
- Hinwirken auf eine Neuorientierung der Gesundheitspolitik. Das heißt: weg von der immer aufwendigeren Medikalisierung und Krankheitsverwaltung im Betrieb und in der Öffentlichkeit, hin zur Förderung der Ursachen und Grundlagen der Gesundheit. Aus dem vernetzten Ursachenbündel verdienen besondere Förderung: der gesunde Boden und die naturgemäße Pflanzenpflege als Voraussetzung gesunder menschlicher Ernährung.
- Ein Beispiel geben durch Umstellung der eigenen Ernährung auf biologisch gezogene Vollwertkost und durch Einführung solcher Kost dort, wo man Einfluß hat.
- Förderung bestehender Organisationen und Betriebe des ökologisch orientierten Land- und Gartenbaus.
- Last, but not least – selbst biologischen Gartenbau betreiben und solche Gärten für andere ermöglichen.[112] Durch die Presse ging einst eine Meldung, wonach der gegenwärtige US-Vizepräsident Mondale in seiner Residenz in Washington einen biologischen Garten pflegen läßt. Ein Pionier der gesunden Lebensweise sagte: »Wer noch keinen eigenen Garten hat, der hat es noch nicht begriffen.« Und wer es noch nicht begriffen hat, für den trifft das Wort Nietzsches zu:

  »Ich befürchte, die Tiere betrachten den Menschen als ein Wesen ihresgleichen, das in höchst gefährlicher Weise den gesunden Tierverstand verloren hat.«

Kontaktadressen des alternativen Landbaus

Bundesrepublik Deutschland:

Arbeitskreis Naturgemäßer Landbau,
Geschäftsstelle,
Im Pohlschen Bock 9,
3352 Einbeck,
Tel. 05561/81107.
(Gibt Verzeichnis von Kontaktadressen ab.)

Stiftung Ökologischer Landbau,
Eisenbahnstraße 28–30.
6750 Kaiserslautern,
Tel. 0631/64265.

Forschungsring für biologisch-dynamische Wirtschaftsweise e. V.,
Baumschulenweg 19,
6100 Darmstadt,
Tel. 06151/2673.

Fördergemeinschaft organisch-biologischer Landbau e. V.
Bahnhofstraße 1,
7326 Heiningen,
Tel. 07161/4893.

Schweiz:

Forschungsinstitut für biologischen Landbau,
Postfach,
CH-4104 Oberwil BL,
Tel. 061/304222.

Biofarm-Genossenschaft,
Postfach,
CH-4936 Kleindietwil BE,
Tel. 063/82010.

Produzentenverein für biologisch-dynamische
Landwirtschaftsmethode,
Bruderholzhof,
CH-4104 Oberwil BL,
Tel. 061/541752.

Schweizerische Gesellschaft für biologischen Landbau,
Chriesbaumweid,
CH-8320 Fehraltdorf ZH
(überwiegend Familiengärtner).

Österreich:

Fernschule der Landwirtschaft,
Brixnerstraße 1,
A-6021 Innsbruck.

International:

International Federation of Organic Agriculture Movements (IFOAM),
Secretariat, c/o The Coolidge Center,
Riverhill Farm,
17 Bradstreet Lane,
Topsfield, Massachusetts 01983/USA.

Europa-Koordinator:
Denis Bourgeois,
c/o Nature et Progrès,
3 chemin de la Bergerie,
F-91700 Ste. Geneviève-des-Bois.

Anmerkungen

1. *Landwirtschaftsgesetz der BRD,* § 1, Auszug zit. aus *Weichel,* Ernst: Die Bedeutung agrarpolitischer Alternativen für die künftige Wirtschaftspolitik. Sonderanlage Nr. 25 der Unabhängigen Correspondenz des Vereins für Agrarwirtschaft, D-3141 Betzendorf/Glüsingen.
2. *Walterskirchen,* Martin von: Die Aussagen der Bibel zum Verhältnis Wirtschaft und Umwelt, unter besonderer Berücksichtigung von Gen. 1:28. Diplomarbeit Hochschule St. Gallen, 1973, unveröffentlicht.
3. *Siefert,* Erich: 14 Fragen zum naturgemäßen Landbau. Manuskript, Arbeitskreis naturgemäßer Landbau, D-3352 Einbeck.
   Cadiou, Pierre, et al.: L'Agriculture biologique en France. Presses Universitaires de Grenoble, 1975, S. 30.
4. *Blaser,* Peter: Grundgedanken in der Entwicklung des Hofes und der Hofgemeinschaft Niederried seit 1961, in: Beiträge zur Förderung der biologisch-dynamischen Landwirtschaftsmethode in der Schweiz, Steckborn, 1. Mai 1975.
5. *Egger,* Kurt und *Glaeser,* Bernhard: Kritik der Grünen Revolution, in: Scheidewege, Frankfurt/Main, 4. Jg., 1974, S. 558–561.
6. *Leserbrief* an eine Bauernzeitung, zit. in: Biologischer Landbau im Meinungsstreit, in: Bild der Wissenschaft, 10. Jg., Heft 8, 1973, S. 911.
7. *Kollath,* Werner: Die Ordnung unserer Nahrung. 6. Aufl., K. Haug Verlag, Heidelberg, 1977.
   Bruker, M. O.: Schicksal aus der Küche. Schnitzer Verlag, D-7742 St. Georgen, Schwarzwald, 1975, 480 S.
   Schnitzer, Johann Georg: Gesundheit für unsere Jugend. Beginn einer Synthese von Zivilisation und Gesundheit, Schnitzer Verlag, D-7742 St. Georgen, Schwarzwald.
8. *Kollath,* op.cit., zit. bei *Bruker,* op.cit., S. 136.
9. Neben *Kollath, Bruker, Schnitzer,* siehe auch *Günter,* Ernst: Ohne Krankheit leben. Verlag E. Günter, CH-3367 Thörigen, 4. Aufl., 1977, 96 S.
10. *Vester,* Frederic: Ballungsgebiete in der Krise, eine Anleitung zum Verstehen und Planen menschlicher Lebensräume mit Hilfe der Biokybernetik. Studiengruppe für Biologie und Umwelt, München, 1976, S. 24.
11. *Koepf,* Herbert H. et al.: Biologische Landwirtschaft. Eine Einführung in die biologisch-dynamische Wirtschaftsweise. Verlag E. Ulmer, Stuttgart, 1974, 300 S.

12. *Steiner,* Rudolf: Geisteswissenschaftliche Grundlagen zum Gedeihen der Landwirtschaft. Landwirtschaftlicher Kursus. R. Steiner Verlag, CH-4143 Dornach, 5. Aufl. 1975.
13. *Rusch,* Hans Peter: Bodenfruchtbarkeit. Eine Studie biologischen Denkens. Haug Verlag, Heidelberg, 2. Aufl. 1974, 243 S.
14. *Hills,* Lawrence D.: Kann die gute alte Erde unsere Enkel noch versorgen? in: Forum Vereinte Nationen, Mai 1975.
15. *Howard,* Albert: Mein landwirtschaftliches Testament. Geschrieben 1939, Neuauflage 1976, Organischer Landbau Verlag, Fach 3645, D-76 Ulm, 256 S.
16. *Cadiou,* op. cit., S. 28.
17. *Blobaum,* Roger: Organische Wirtschaftsmethoden in der chinesischen Landwirtschaft. Sonderdruck Nr. 57, Verlag Boden und Gesundheit, D-7183 Langenburg, 1975.
18. *Steiner,* Rudolf, op. cit., S. 190.
19. *Gottschewski,* G. H. M., in: Biologischer Landbau im Meinungsstreit, in: Bild der Wissenschaften, 10. Jg., Heft 8, 1973, S. 918.
20. *Heinze,* Hans: Biologisch-dynamische Landwirtschaft – Freiwild behördlicher Spitzen? in: Lebendige Erde, 1/1974, S. 10–15.
21. *Jasmin* (Pseudonym): Sorgloses Wachstum, gesunde Qualitätsernte, in: Schweizer Garten, CH-3110 Münsingen, 10. Aug. 1976, S. 6.
22. *Lonza AG,* Basel: Düngungs-Agenda 1976.
23. *Grünewald,* H.: Auch in Zukunft stehen die Signale wieder auf Wachstum, in: Industriemagazin, Sept. 1976, S. 34–35.
24. *BASF,* Inserat »Den Pflanzen muß geholfen werden«.
25. *Diercks,* R.: Die ökologischen Grenzen für die Agrarchemie im Sektor Pflanzenbau, bezogen auf den Pflanzenschutz, in: BASF-Mitteilungen für den Landbau, 2/76, S. 115–141.
26. *Lockeretz,* William, et al.: A Comparison of the Production, Economic Returns, and Energy-Intensiveness of Corn Belt Farms that Do and Do Not Use Inorganic Fertilizers and Pesticides, CBNS-AE-4. Center for the Biology of Natural Systems, Washington University, Saint Louis, Missouri, 1975, S. 9, Fußnote 7.
27. *Bundesministerium für Ernährung, Landwirtschaft und Forsten:* Agrarwirtschaft und Umweltschutz. Bonn, Dez. 1976.
28. *Schweizerischer Nationalrat:* Protokoll, Bern, 13. Dez. 1971, S. 1578 bis 1582.
29. *Brünner,* Friedrich: Der biologische Landbau – eine Herausforderung? in: Lebendige Erde, 1/1974, S. 11.
30. *Brugger,* Georg: Gedanken zum »biologischen« Landbau, in: Informationen für die Landwirtschaftsberatung in Baden-Württemberg, Jg. 1974, Nr. 4.
–: Biologischer Landbau – was steckt dahinter? in: mein schöner Garten, 4, 9/1975.
–: Biologischer Landbau – eine landwirtschaftliche Alternative? in: Staatsanzeiger für Baden-Württemberg, 13. Nov. 1974, Nr. 91, S. 3.
–: Biologischer oder unbiologischer Landbau? Sonderdruck aus dem Kalen-

der »Der Landwirt 1976«, Verlag G. Braun, Postfach 1709, D-75 Karlsruhe.
31. *Stiftung Warentest,* Berlin: Nicht besser als Normalkost, in: test, Febr. 1976.
Acht deutsche Organisationen des ökologischen Landbaus (z.B. Stiftung Ökologischer Landbau, Kaiserslautern): Biologische Lebensmittel: Nicht besser als Normalkost? Flugblatt, 1976.
32. *Zeitschrift »Bild der Wissenschaft«:* Biologischer Landbau im Meinungsstreit, op.cit.
33. *Lockeretz,* William, et al.: Organic and Conventional Crop Production in the Corn Belt: A Comparison of Economic Performance and Energy Use for Selected Farms, CBNS-AE-7. Center for the Biology of Natural Systems, Washington University, Saint Louis, Missouri, 1976, S. 19.
34. *Ronnenberg,* Adolf: Ökonomische Aspekte der biologisch-dynamischen Wirtschaftsweise – Konsequenzen für den Einzelbetrieb und für den Produktmarkt. Diplomarbeit, Landwirtschaftliche Fakultät der Universität Göttingen, Jan. 1973.
35. Siehe *Ronnenberg,* op.cit., S. 109; *Cadiou,* op.cit., S. 123; *Blaser,* op.cit., S. 24; sowie *Willi,* Josef, in: Landwirtschaft und Leben, Innsbruck, März 1977, S. 25.
36. *Perelman,* M. J.: Farming with Petroleum, in: Environment, Vol. 14, Nr. 8, Okt. 1972, S. 13.
37. *Gould, N.:* England's Green Revolution, in: The Ecologist, Vol. 4, 1974, S. 60.
38. *Tagesanzeiger Zürich,* 13.09.1977.
Sager, Peter, und *Brügger,* Christian, gelangen zu folgenden Zahlen: ein Drittel der landwirtschaftlichen Gesamtproduktion wird auf 3 % der Anbaufläche produziert. Aus: Zeitbild, Sondernummer »1917–1977, 60 Jahre sowjetisches System«, Bern, 5.10.1977, S. 22.
39. *Tagesanzeiger Zürich:* 09.07.1977.
40. *Tagesanzeiger Zürich:* Ungarn will die private Landwirtschaft fördern, 14.09.1976.
41. *National Academy of Science:* Agricultural Production Efficiency. Washington, D.C., 1975, S. 6.
42. *National Academy of Science,* op.cit., S. 12.
43. *Perelman,* op.cit., S. 32.
44. *Lockeretz* et al., CBNS-AE-7, op.cit., S. 16.
45. *Cadiou* et al., op.cit., S. 117.
46. *Beck,* Daniel: Etude sur la rentabilité des exploitations biologiques. Institut d'économie rurale de l'Ecole Polytechnique Fédérale de Lausanne, 1973, Diplomarbeit.
47. *Matile,* Philippe: Biologie und Landwirtschaft. Sonderdruck aus: Lebendige Erde, Heft 5/1972, S. 9/10.
48. *Niederländisches Ministerium für Landbau und Fischerei:* Alternatieve Landbouw. Interims-Rapport, Zentrum für Landbaupublikationen, Wageningen, 1974. Übersetzung E. Siefert. Der Endbericht erschien 1976 in niederländischer Sprache; eine Übersetzung lag uns nicht vor.

49. *Debatte im »Riksdag«* in Stockholm: Wie sieht die Landwirtschaft von morgen aus?, in: Lebendige Erde, März/April 1977, S. 46.
50. *Schuphan,* Werner: Ertrag und Nahrungsqualität pflanzlicher Erzeugnisse unter besonderer Berücksichtigung der Problematik »organischer« oder »chemisch-mineralischer« Düngung, in: Ernährungs-Umschau, Vol. 21, 1974, Heft 4, S. 105–106.
51. *Seligman,* E. R. A.: Principles of Economics. 1. Aufl. New York, 1905.
Kapp, K. William: The Social Costs of Private Enterprise. Harvard, Cambridge, Mass., 1950; auf deutsch: Die Sozialen Kosten der Marktwirtschaft, Fischer Taschenbuch Verlag, Frankfurt/M., 1979.
52. *Mishan,* Ezra J.: The Costs of Economic Growth. Praeger, New York, 1967.
Michalski, Wolfgang: Grundlegung eines operationalen Konzepts der Social Costs. Mohr, Tübingen, 1965.
Nydegger, Alfred: Die Social Costs des Umweltungleichgewichts, in: Umweltschutz und Wirtschaftswachstum, Erstes Symposium des SCO St. Gallen, Verlag Huber, Frauenfeld, 1972.
53. *Nydegger,* op. cit., S. 145.
54. *Wittmann,* W. und *Bülte,* U.: Die sozialen Kosten des Automobils in der Schweiz. Gottlieb Duttweiler Institut, CH-8803 Rüschlikon, Juli 1973.
Eidgenössisches Amt für Verkehr/Ingenieurbüro Basler und Hofmann: Die Belastung der Umwelt durch den Verkehr. Bern, Sept. 1973.
55. *Müller-Wenk,* Ruedi, und *Ullmann,* Arieh A.: Die ökologische Buchhaltung. Gottlieb Duttweiler Institut, CH-8803 Rüschlikon, 1974.
56. *Imfeld,* Al: China als Entwicklungsmodell. Laetare Verlag, Stein/Nürnberg, 1974.
Blobaum, op. cit.
57. *Mesarovič,* M. und *Pestel,* E.: Menschheit am Wendepunkt. DVA, Stuttgart, 1974, S. 73.
58. *Egger,* Kurt, und *Glaeser,* Bernhard: Kritik der Grünen Revolution, op. cit., S. 550.
59. *Egger,* Kurt: Traditioneller Landbau in Tansania – Modell ökologischer Ordnung?, in: Scheidewege, 5. Jg., Heft 2, 2. Quartal 1975, Klett Verlag, Stuttgart.
60. *Egger,* Kurt, et al.: Ökologische Probleme ausgewählter Entwicklungsländer. Buske, Hamburg, 1972, S. 129.
61. *Rodale,* Robert: Learning from India, in: Organic Gardening and Farming, Emmaus, Pennsylvania, Juni 1975.
United Nations Development Program: Lessening Dependency on Artificial Fertilizer, in U.N. Development Forum, April 1976.
62. *Gutschow,* Arvid: Einsatz von Leguminosen zum Aufbau der Bodenfruchtbarkeit in trockenen Tropenböden, in: Lebendige Erde, Nov./Dez. 1975, S. 221–223.
63. *Holenstein,* Annemarie, und *Power,* Jonathan: Hunger. Fischer Taschenbuch-Verlag, Frankfurt/Main, 1976, S. 64 und 170.
64. *Chen,* Jack: Das Jahr im Dorf Glückseligkeit. Diederichs Verlag, Düsseldorf, 1973, S. 71–80.

65. *Reddy,* A. K. N., Indian Institute of Science, Bangalore. Dieser Ausdruck stammt von ihm.
66. *Crespo,* Giorgio: Energiebilanz in Landwirtschaft und Nahrungsmittelsystem, in: Landwirtschaft und Ernährung, Zürich, 1975, S. 4.
67. *Steinhart,* J. S., und *Steinhart,* C. E.: Energy Use in the U.S. Food System, in: Science, Vol. 184, April 1974, S. 307–316.
68. *Hauser,* Jürg: Zur Energie-Bilanz unserer Landwirtschaft, in: Neue Zürcher Zeitung, 12. 11. 1975, S. 19.
Crespo, op. cit.
69. *Leach,* Gerald: Energy Accounting in Food Products, 9th International TNO Conference, 26./27. Febr. 1976, S. 57.
70. *Pimentel,* David, et al.: Food Production and the Energy Crisis, in: Science, Vol. 182, 2. Nov. 1973, S. 443–449. Die Tabelle stammt von der Seite 445.
71. *Steinhart,* op. cit., S. 309.
72. *Blaxter,* Kenneth: The Energy Equations. Power and Agricultural Revolution, in: New Scientist, 14. Febr. 1974, Vol. 61, S. 400–403.
73. *Aubert,* Claude: Agriculture, Alimentation, l'Impasse énergétique, in: Nature et Progrès, April–Juni 1976, S. 12–18.
74. *Steinhart,* op. cit., S. 310.
75. *Teufel,* Dieter: Möglichkeiten der Einsparung und der Erzeugung von Energie in der Landwirtschaft, in: *Bossel,* H. et al.: Energie richtig genutzt. Verlag C. F. Müller, Karlsruhe, 1976, S. 70.
76. *Aubert,* op. cit., S. 14.
77. *Lockeretz,* CBNS-AE-7, op. cit., S. 23.
78. *Crouau,* Max: Consommations directes d'énergie en Agriculture Biologique et en Agriculture Classique, in: Nature et Progrès, Juli–Sept. 1976, S. 4–9.
79. *Hughes,* J. D.: Ecology in Ancient Civilisations. University of New Mexico Press, Albuquerque, 1975.
80. *Müller-Wenk,* op. cit.
81. *Voisin,* André: Über die Verbindung der Gesundheit des modernen Menschen mit der Gesundheit des Bodens. Köln, 1962.
82. *Haller,* Albert von: Die Wurzeln der gesunden Welt. Verlag Boden und Gesundheit, D-7183 Langenburg, 1976.
83. *Hentschel,* H. und *Schuphan,* W.: Pflanzenqualität, Erbgut und Umwelt; Vorschläge zur ernährungsphysiologischen Aufwertung der Handelsklassen, in: Deutsche Lebensmittel-Rundschau, 71. Jg., Heft 8, Aug. 1975, S. 277–283. Die erwähnte Bundesanstalt besteht seit 1951.
84. *Gottschewski,* G. H. M.: Neue Möglichkeiten zur größeren Effizienz der toxikologischen Prüfung von Pestiziden, Rückständen und Herbiziden, in: Qualitas Plantarum, Vol. 25, 15. Sept. 1975, Issue 1, die Seiten 21–42.
85. *Feingold,* Ben F.: Why Your Child is Hyperactive. Random House, New York, 1975.
86. *Carson,* Rachel: Der stumme Frühling. Biederstein Verlag, München 1972, S. 355.
Kennedy-Bericht: Use of Pesticides, a Report of the President's Science Ad-

visory Committee, The White House, Washington, D.C., May 15, 1963. Deutsche Kurzfassung: Kennedy-Bericht über den Gebrauch der Pestizide, Verlag Boden und Gesundheit e.V., D-7183 Langenburg, 1963.
Briejèr, Cornelis J.: Silberne Schleier. Gefahren chemischer Bekämpfungsmittel. Biederstein Verlag, München, 1970. Briejèr ist der ehemalige Direktor des staatlichen niederländischen Pflanzenschutzdienstes.
87. *Tagesanzeiger Zürich,* 21.07.1976.
88. *Voll,* R., Hrsg.: Akute und chronische Insektizidintoxikation. Medizinisch-literarischer Verlag, Hamburg, 48 S.
89. *Kennedy-Bericht,* op.cit.
90. *Schaumann,* Wolfgang: Von der Verursachung von Rückständen der Pflanzenschutzmittel in Landesprodukten, in: Beiträge zur Förderung der biologisch-dynamischen Landwirtschaftsmethode in der Schweiz, Steckborn, 1. Sept. 1976, S. 83.
91. *Kickuth,* Reinhold: Der Einsatz chemischer Fremdstoffe und das Problem der Produktivität, in: Lebendige Erde, 5/1975, S. 177–179.
92. *Berthold,* Peter: Fortschreitende Rückgangserscheinungen bei Vögeln: Vorboten des »Stummen Frühlings«. Sonderdruck aus: Mitteilungen der Max-Planck-Gesellschaft, Heft 1/1973, S. 18–33.
93. *Klausewitz,* W., et al.: Umwelt 2000. Kleine Senckenbergreihe 3, Verlag Kramer, Frankfurt/Main, 1971.
94. *Fisher,* N. S.: Chlorinated Hydrocarbon Pollutants and Photosynthesis of Marine Phytoplankton: A Reassessment, in: Science, Vol. 189, 8. Aug. 1975, S. 463–464.
95. *Rappl,* A. und *Waiblinger,* W.: Zur Kontamination von Muttermilch mit Rückständen chlorierter Kohlenwasserstoffe, in: Deutsche medizinische Wochenschrift, 100. Jg., Heft 7, Febr. 1975, S. 234–238.
96. *Aubert,* Claude: Le lait maternel, in: Nature et Progrès, Okt.–Dez. 1974, S. 21–29.
97. *Dost,* F. H. und *Schuphan,* W.: Über Ernährungsversuche mit verschieden gedüngten Gemüsen III, in: Die Ernährung, 9/1944, S. 1–27.
98. *Stoll,* Karl: Höchsterträge und Qualitätserzeugung bei Obst und Gemüse als Düngungsproblem, in: Qualitas Plantarum, Vol. 18, 15.Dez. 1969, No. 1–3, S. 208–211.
99. *Schuphan,* in: Ernährungs-Umschau, 21/1974, op.cit.
100. *Sticher,* Hans, Prof. Dr. ETH Zürich, persönliche Mitteilung.
101. *Lust,* Volkmar: Naturgesteigerter Obstbau, Sonderdruck aus: Lebendige Erde, Heft 1/1975, Darmstadt, S. 22.
102. *Sauerlandt,* W. und *Tietjen,* C.: Humuswirtschaft des Ackerbaus. DLG-Verlag, Frankfurt/Main.
103. *Schuphan,* in: Ernährungs-Umschau, 21/1974, op.cit., S. 106.
104. *Scandinavian Research Circle,* Saltåkvarn, 150 20 Järna: A Comparison between the Conventional and Biodynamic Farming Methods as indicated by the Quality of the Plant Products. Unveröffentlichter Bericht, 1976. Vgl. auch *Debatte im Riksdag,* op.cit.
105. *Aehnelt,* E. und *Hahn,* J.: Fruchtbarkeit der Tiere – eine Möglichkeit zur bio-

logischen Qualitätsprüfung von Futter- und Nahrungsmitteln?, in: Tierärztliche Umschau, Sonderdruck Nr. 4/1973, S. 155ff.

106. *Hahn,* J., *Aehnelt,* E. et al.: Uterus- und Ovarbefunde bei Kaninchen nach Fütterung mit Heu von ungedüngtem und intensiv gedüngtem Grünland, in: Deutsche Tierärztliche Wochenschrift, 78, Nr. 4/1971, S. 114–118.

107. *Tomasi,* K.: Was ist schuld an den vielen Fruchtbarkeitsstörungen?, in: Der fortschrittliche Landwirt, Graz, Heft 10/16, 5/1975.

108. *Bakels,* F.: Vortrag vor der Biofarm-Genossenschaft, CH-4934 Madiswil, am 10.01.1976 in Olten, unveröffentlichtes Manuskript.

109. *Bernaseks* Rattenversuche, sowie die Katzenversuche von *Pottenger* und *Simonssen* sind zitiert in: *Kollath,* W.: Die Ernährung als Naturwissenschaft. Haug Verlag, Heidelberg, 1967.

110. *Kickuth,* Reinhold: Trinkwasserqualität und Bodenbewirtschaftung. Ergebnis eines wissenschaftlichen Gutachtens, in: IFOAM-Bulletin, 4. Quartal 1977, Heft 23, hrsg. von der Stiftung Ökologischer Landbau, D-6750 Kaiserslautern.

111. Zwei hilfreiche Broschüren zu diesem Zweck sind:
Büchting, Andreas-J. und *Gutschow,* Arvid: Agrecol. Grenzen und Engpässe moderner Agrarverfahren – ökologische Alternativen. Eden-Stiftung, D-6232 Bad Soden/Taunus, 1976, 47 S. plus Anhang.
Schweizerische Gesellschaft für Umweltschutz (SGU): Ökologische Landwirtschaft als notwendige öffentliche Aufgabe. 18 Seiten. SGU, Postfach, Merkurstr. 45, CH-8032 Zürich, 1977.

112. *Arbeitsgruppe für biologischen Land- und Gartenbau:* Wegleitung zum biologischen Gartenbau. CH-2076 Gals, 1977. Verteilstelle: Frau Els Hitz-Bietenholz, Kapellstraße 10, CH-5610 Wohlen.

Verzeichnis der im Text zitierten Autoren

Die Zahlen nach den Namen beziehen sich auf die Nummern der Anmerkungen im Text.

Meinen herzlichen Dank

möchte ich sagen den vielen Helfern, die am Zustandekommen dieser Schrift mitgewirkt haben. Ganz besonders betrifft dies die »Stiftung Ökologischer Landbau« in Kaiserslautern, die Herren Dres. Andreas J. Büchting und Arvid Gutschow, und meine Frau.

Hans A. Staub